말리니까 몸에 좋다! 더 맛있다

말려서 더 좋은
과일 채소 산나물

김정숙 지음

아카데미북

말려서 더 좋은
과일 채소 산나물

지은이 김정숙
펴낸이 양동현
펴낸곳 아카데미북
　　　　출판등록 제13-493호
　　　　136-034, 서울 성북구 동소문로 13가길 27번지
　　　　전화 02-927-2345 팩스 02-927-3199

초판 1쇄 발행 2013년 4월 30일
초판 2쇄 발행 2013년 5월 15일

ISBN 978-89-5681-145-1 13590

* 잘못 만들어진 책은 구입한 곳에서 바꾸어 드립니다.
* 지은이와의 약속에 의해 인지는 붙이지 않습니다.

www.iacademybook.com

이 도서의 국립중앙도서관 출판시도서목록(CIP)은
e-CIP홈페이지(http://www.nl.go.kr/ecip)와 국가자료공동목록시스템(http://www.nl.go.kr/kolisnet)에서
이용하실 수 있습니다. CIP제어번호 : CIP2013004336

햇볕과 바람에 시래기를 내어 널며

음식은 냄새로, 밥상에 둘러앉았던 훈훈한 온기로, 때로는 달그락거리는 수저 소리로 먼 기억을 불러온다.

유년의 겨울밤, 한밤중에 무슨 소리엔가 눈을 뜨면 창문을 두드리는 바람이나 문풍지보다 더 우는 것은, 부엌 옆 바람벽에서 말라 가는 무시래기의 울음소리였다. 긴 겨울밤 내내 서그럭 서그럭 마른 몸을 뒤척이는 시래기 소리는 어린 나를 알 수 없는 슬픔에 빠져 잠을 설치게 했다. 그 시래기를 삶아서 우려낸 뒤 조물조물 억센 기운을 다스려 끓인 구수한 국 한 그릇은 추위에 언 몸과 마음을 따스하게 녹여 주었다. 이제 시래깃국은 돌아갈 수 없는 시절과 어머니에 대한 회한으로 목이 메게 한다. 시래깃국 한 그릇도 그리움에 사무치는 맛이 될 수 있음을 나이가 들면서 알게 되었다.

뒤꼍에 있던 광은 어머니의 비밀 창고였다. 대나무 석작에는 봄에 말려 둔 묵나물, 가을볕에 잘 마른 토란대와 고구마 줄기, 호박고지 등이 그득했다.

우리 어머니들은 긴 겨울을 대비하여 제철 푸성귀를 비축해 두는 것이 중요한 일이었다. 봄에는 고사리며 고비, 취나물과 쑥 등 산나물을 삶아서 묵나물을 만들었고, 가을이면 애호박을 썰어 말리고, 갓 따 낸 가지에 세로로 길게 십자 모양의 칼집을 넣어 빨랫줄에 걸어 말렸다. 패치코트처럼 아래로 벌어진 가지는 며칠이 지나면 삭정이처럼 앙상해졌다. 지붕 위에 널린 빨간 고추, 은은한 단맛이 감도는 무말랭이,

3

찹쌀 풀을 발라 만든 깻잎 부각, 늙은 호박의 노란 속살을 켜 햇볕에 며칠 걸어 놓으면 넝쿨처럼 구불구불 말라 있었다. 이 호박고지는 달착지근한 호박떡이 되고, 죽이나 전 때로는 식혜가 되었다. 늦가을 숲에서 거둔 버섯도 어머니의 손을 거치면 가족들의 입맛을 돋우는 별식이 되었다.

한겨울이면 방 윗목을 떡하니 차지하고 있던 고구마 포대의 흙냄새가 지금도 느껴진다. 고구마를 쪄서 말린 고구마말랭이는 최고의 주전부리였다. 물고구마라도 마른 상태에 따라 맛과 씹는 느낌이 달라진다. 꾸덕꾸덕 마르면 은근히 달착지근하고, 조금 더 말라 쫀득하면 달콤해지고, 바싹 마르면 딱딱해진다. 학교에서 돌아와 한 줌씩 집어먹던 고구마말랭이는 얼마나 달았던가.

햇볕에 익히고 말려 낸 자연식품은 매력적인 식감을 지닌 음식이 되어 생활의 원동력이 되었다. 어머니의 지혜로움으로 가족들은 긴 겨울과 보릿고개를 넘으면서 육신은 물론 영혼까지도 살찌울 수 있었다.

꾸밈이 적은 어머니의 음식은 자연의 맛을 온몸으로 느끼게 한다. 생명의 원칙을 충실히 따른 소박한 어머니의 밥상 앞에 앉으면 삶이 행복해진다.

주부가 철마다 틈틈이 말려 둔 식재료는 온갖 첨가물로 범벅이 된 인스턴트식품에 비할 바가 아니다. 언제든지 안심하고 먹을 수 있는 착한 먹을거리로 활용할 수 있다. 남은 식재료를 버리지 않으므로 경제적으로도 도움이 된다. 무엇보다 중요한 것은 다양한 식감을 즐길 수 있게 된다는 것이다. 특히 과일을 말리면 당도가 높아져

밭에 버려진 배추나
무청을 보면 줍고 싶어진다.
김장철, 무는 섞박지며 동치미를 담그고,
뜨락에 남겨진 시퍼런 무청을 새끼줄로 엮어
바람이 잘 통하는 처마 밑에 잊은 듯이 걸어 둔다.
무청은 시간 속에서 서서히 육신의 물기를 비워
오래도록 썩지 않는 시래기가 된다.

그 자체로 훌륭한 간식이 된다.

　핵가족 시대의 가정에서는 식품을 적게 구입해도 냉장고 속에서 시들어 버리는
것이 많다. 이 책은 한 줌의 채소, 과일 한 개라도 알뜰하게 갈무리해서 먹을 수 있는
방법을 제시하고자 했다. 햇볕과 자연 바람에 말리는 것이 가장 좋지만, 비가 오는
계절이나 대도시 환경에서 사정이 여의치 않다면 건조기를 이용하는 것도 좋다. 특
히 일상이 바쁜 주부라면 시간과 날씨에 구애 받지 않는 건조기가 간편하게 느껴질
수도 있다.
　이 책에서 식품은 편의상 과일, 채소, 버섯, 산나물, 해조로 분류했다(생선과 육류
는 다음 기회로 미룬다). 말린 식재료를 사용하는 요리는 재료 자체의 맛이 돋보이도록
했다. 특별한 조리 기술 없이, 말린 그대로 먹거나 우유에 타서 먹을 수 있는 정도의
간편식을 많이 넣었다. 또한 일일이 언급하지 않았지만, 말린 것들을 물에 넣고 끓이
면 언제든 죽으로 즐길 수 있다.
　이 책이 주부들의 눈에 띄어 말린 채소와 과일의 식감과 풍부한 맛을 경험하고 건
강한 식탁을 만드는 데 도움이 되기를 기대한다.

2013년 봄
김정숙

☻ CONTENTS

버섯

해초

산나물

말린 음식 기초 상식

건조식품의 역사

말리는 것은 인류의 가장 오래된 식품 저장법이다. 특별한 시설이나 기술 없이도 햇볕과 바람이라는 자연 조건만 맞으면 채소나 과일, 생선, 육류 등의 식품을 말려서 오랫동안 보관해 둘 수 있었기에 전 세계인들이 가장 많이 이용해 왔다.

인류의 역사는 식량과의 전쟁이라 할 수 있을 만큼 식량을 확보하는 것은 생존의 문제였다. 사람들은 수확한 생산물을 다음 수확 시까지 보존해야만 목숨을 유지할 수 있었다. 음식이 귀하고 교통이 발달하지 않았던 시절에는 주식이나 부식을 막론하고 제철에 나오는 식품을 비축하는 것이 필수적인 일이었다.

식품을 말려 저장하는 방법은 신선한 식품을 사시사철 구할 수 없기 때문에 생겨난 것이다. 미래는 불확실했고, 가뭄·기아·홍수·전쟁 등에 대비할 수 있는 식품 보존 방법으로 말리는 것이 우수하다는 점을 경험으로 알 수 있었다. 그런데 태양과 바람은 예측이 불가능하고, 날씨에 따라 건조 시간이나 품질 등이 결정적인 영향을 받았다. 또한 개방된 공간에서 식품을 말리는 경우, 들짐승이나 새, 곤충 등 여러 가지 요소에 의해 손실되는 경우가 많았다.

1900년대 산업혁명이 일어나면서, 20세기는 식품 건조 기술을 건조의 과학으로 변형시켰다. 각 가정의 몫이었던 식품 건조 저장법은 대규모 공장에서 통제된 공간에 지속적인 열을 공급하고 공기를 순환시키는 진보된 과학기술에 의해 이루어졌다. 경우에 따라서는 캔 저장법으로도 대체되었다. 얼마 전부터는 일반 가정에서도 소규모 전기 건조기를 이용하여 식품을 간편하게 건조하여 계절과 상관없이 다양한 식생활을 즐길 수 있게 되었다.

건조식품은 식품의 영양이 가장 풍부할 때 보존함으로써 식품의 가치와 풍부한 맛을 그대로 지니고 있다. 건조하기 전에 처리 과정을 거치지 않아 영양 손실도 없다.

건조식품의 섬유질과 에너지 포함량을 신선한 식품과 비교해 보면, 거의 비슷한 수준이거나 오히려 더 높은 편이다. 특히 말린 식재료는 수분 함량이 적어 유해 미생물의 생장을 억제할 수 있어서 특별한 저장 시설 없이도 식품을 보존하는 데 효과적이다. 일반적으로 세균은 수분 함량이 16% 이하, 곰팡이는 13% 이하에서는 생존할 수 없어 식품을 건조시켜 변패를 일으키는 원인을 제거하는 것이다.

과일과 채소의 껍질까지 그대로 활용하기 때문에 껍질에 포함되어 있는 비타민과 미네랄을 그대로 섭취할 수 있는데, 건조 시간이 빠를수록 비타민과 미네랄 성분이 더 유지된다. 무엇보다도 가장 좋은 점은 방부제·인공 감미료·화학물질 등 어떤 첨가 물질도 넣지 않는다는 점이다. 주부의 손에서 가족을 위한 친환경 자연식이 마련되는 것이다.

우리 전통 문화에 보이는 말린 음식

우리나라는 대륙성 기후와 해양성 기후가 공존하며 사계절의 변화가 뚜렷하여 계절성이 뚜렷하고 저장 식품이 발달했다. 장류와 김치 등의 발효 식품이 대표적인 저장 식품이며, 온갖 채소와 과일, 산나물을 말려서 부식 재료로 활용하는 것이 매우 큰 특징이다. 봄에는 산과 들에서 채취하는 나물을 말려 보관하고, 가을에는 재배한 채소와 채취한 버섯을 주로 말린다.

봄철의 장 담그기와 나물 말리기, 초여름의 젓갈 담그기, 초가을의 채소 말리기와 장아찌 담그기, 입동의 김장 담그기와 메주 쑤기 등의 연중 행사는 제철을 놓칠세라 철저하게 시행하였다. 제철 식품의 가공·저장 행사가 순조롭게 이루어져야 가족의 건강을 보장할 수 있었기에 필연적으로 형성된 것이다. 저장 음식은 독특한 맛을 즐길 수 있었고, 경제적으로도 도움이 되었다. 이러한 생활의 지침이 농가의 생활상을 월령체로 읊은 농가월령가에서는 다음과 같이 기록하고 있다.

보름날 약밥제도 신라적 풍속이라 / 묵은 산채 삶아 내어 육미(六味)를 바꿀소냐.
— 정월령(正月令)

본초(本草)를 상고하여 약재를 캐오리다 / 창백출(蒼白朮) 당귀천궁(當歸川芎) 시호방풍(柴胡防風) 산약택사(山藥澤瀉) / 낱낱이 기록하여 때 미쳐 캐어 두소 / 촌가에 기구 없이 값진 약 쓰올소냐. — 이월령(二月令)

앞산에 비가 개니 살찐 향채(香菜) 캐오리라 / 삽주 드릅 고사리며 고비 도랏 어아리를 / 일분은 엮어 달고 이분은 무쳐 먹게. — 삼월령(三月令)

소채 과실 흔할 적에 저축을 많이 하소 / 박호박 고지 켜고 외가지 짜게 저려/ 겨

울에 먹어 보소 귀물이 아니 될까. ─ 칠월령(七月令)

먹을 것이 풍족하지 않았던 옛날에는 여름과 가을 햇빛을 듬뿍 받고 자란
나물을 갈무리해 두었다가 먹음으로써 영양을 보충하고 겨울의
끝자락에 넘치는 음기(陰氣)를 다스렸다. 긴 겨울을 보내
기 위한 비상식량인 묵나물은 가을철 농사일이 마
무리되면 본격적으로 갈무리가 시작되었다.
우리 선조들은 나물을 저장하는 일도 게을
리하지 않았다. 《동국세시기》에는 "박고
지·표고·콩의 싹을 말린 대두황권·순
무·무 등을 저장해 두는데, 이것을 진채
(묵나물)라고 한다. 이것은 정월 상원에
요리하여 나물로 먹는다. 또 외 꼭지·가
지고지·시래기 등도 모두 버리지 않고
말려 두었다가 삶아서 먹는다. 이것들을
먹으면 더위를 먹지 않는다. 이 풍속은 엄
동(嚴冬)에 대비하여 채소를 저장하자는 취
지의 것이다."라고 쓰여 있다.
바싹 말린 볏짚으로 한 덩어리씩 묶어 둔 취나
물, 빨랫줄에 걸려 쪼글쪼글 말라 가는 호박오가리와
가지, 채반에서 누렇게 말라 가는 늙은 호박고지 등은 정
겨운 시골 풍경의 하나였다. 이렇게 만들어진 묵나물은 겨울철 섬
유질과 비타민을 제공하는 고마운 음식이었다.

말렸을 때 좋은 점

채소를 말리면 수분이 빠져 나가 부피가 줄어들기 때문에, 동일한 무게를 기준으로 했을 때 한 번에 섭취할 수 있는 식이 섬유와 미네랄의 양이 훨씬 많아진다. 또한 몇 종류의 채소와 대부분의 과일을 말리면 언제든지 간편하게 영양 간식으로 먹을 수 있다.

- 조금씩 남은 과일을 섞어 갈아서 말려 두어도 좋은 간식거리가 된다.
- 건조된 과일, 얇게 썰어 말린 뿌리채소, 육포 등은 별도로 조리하지 않아도 훌륭한 간식이 된다.
- 남은 자투리 채소를 알뜰하게 이용할 수 있다. 버려지는 과일 껍질(배·오렌지·레몬·귤), 잎(대파 잎·샐러리 잎), 뿌리(파뿌리) 등을 활용한다.
- 부피가 작아 협소한 공간에도 저장이 가능하고, 먼 곳으로 보낼 때 비용을 절감할 수 있다. 완전히 말린 것은 진공 팩이나 비닐봉지에 방습제와 함께 넣어 밀폐한다.
- 건조가 끝나면 식품 이름, 말린 날짜 등을 적은 이름표를 붙여 보관한다.
- 말린 허브류는 신선한 것보다 두세 배가량 더한 풍미가 있다.
- 건조식품은 음료나 후식, 차에 첨가하여 요리에 다양한 맛의 변화를 줄 수 있다.

말린 과일의 영양 가치

자연적인 단맛을 가진 모든 식품은 수분이 제거되면 당의 농도가 높아져 더 달콤해진다. 말린 과일을 먹으면 빠른 에너지 전환이 가능하여 영양 보충과 피로 해소에 도움이 된다. 맛이 덜한 과일도 말리면 당도가 증가되고, 비타민이나 무기질, 칼륨 등 각 영양 성분이 생과일보다 5~10배 풍부해진다. 말린 과일은 남녀노소 모두의 영양 간식이 되고, 우려내어 차로 마시기에도 적당하다.

예부터 대표적인 겨울철 영양 간식인 곶감은 떫은맛이 있는 생감을 말린 것이다. 감은 포도당과 과당으로 이루어진 당분이 14% 이상 함유되어 있다. 감을 말리면 당분량이 증가해 곶감에는 45% 가까운 당분이 함유된다. 이는 떫은 맛 성분인 탄닌이 불용성으로 변해 단맛이 증가하는 것이며, 비타민 A도 2배 정도 증가한다.

감귤류는 유기산이 많아 간과 위, 폐의 기능을 도와주는 과일로, 껍질에는 혈관 벽을 유연하게 하는 성분이 풍부하여 뇌졸중과 심근경색의 예방효과가 있다. 오렌지와 유자, 귤껍질 말린 것을 진피라고 하는데 피로 해소에 도움이 되고, 감기 몸살에 효과가 있다.

귤을 껍질째 얇게 썰어 말린 귤말랭이는 신맛은 줄어들고 단맛은 증가된다. 꾸덕꾸덕 말려 간식으로 먹으면 쫄깃하게 씹히며 향긋함이 입 안에 퍼진다.

세절에 값이 싼 사과도 말리면 단맛이 진해지고, 펙틴이 증가해 장 운동을 원활하게 도와준다.

배는 먹을 때 껍질은 버리지만 말린 배는 껍질까지 차로 우려내어 먹을 수 있다.

말린 포도는 칼슘과 철분이 증가하므로 건포도를 꾸준히 먹으면 빈혈 증세 개선에도 좋다.

말린 바나나는 칼로리가 높아 식사 대용으로, 말린 딸기는 피부 미용에 좋다. 그 밖에 말린 블루베리는 피로한 눈 건강에, 말린 키위는 혈관 질환 예방 효과가 있다.

말린 채소의 영양 가치

말린 채소류에는 생것에서는 느낄 수 없는 깊은 맛이 있다. 채소는 잎이나 줄기를 끓

는 물에 데치거나 생것 그대로 썰어서 말리는 건조법을 사용한다. 수분이 있는 제철 채소는 싱싱하게 보관하기가 쉽지 않은데, 이때 잘 말려 보관하면 나물이나 찌개 건더기, 정과나 장아찌 등의 반찬 재료로 쓰고, 차나 목욕재의 원료로 이용할 수 있어 생활 속에서 활용 가치가 크다.

말린 채소(산나물)는 주로 반찬을 만드는 식재료로 이용되고, 국화꽃 등의 식용 꽃이나 허브류는 차의 재료로 이용된다. 최근에는 연근이나 도라지, 우엉, 무 같은 뿌리채소도 건강차의 재료로 이용되고 있다. 뿌리채소를 손질하여 말린 뒤 불에 볶거나 구우면 맛과 향기가 좋아진다.

흔히 말려서 먹는 것들

주변서 흔히 말리는 산나물로는 고사리·고비·질경이·취나물(참취) 등이 있고, 채소로는 가지·고구마순·고추·고춧잎·무·무청·박·배춧잎·호박 등이 있다. 더덕이나 도라지 등의 뿌리채소도 말려 두면 요긴하게 이용할 수 있다. 부각으로는 가죽나뭇잎·감자·고구마·김·깻잎·다시마·들깨송이·풋고추 등이 흔히 쓰인다.

그렇다면 말린 음식은 어떤 변화가 있을까?

무를 껍질째 썰어서 말린 무말랭이는 비타민 C와 디아스타제, 무기질 등의 영양 성분 함량이 높다. 고혈압이나 골다공증 등에 좋을뿐 아니라 꼬들꼬들한 씹히는 맛이 식감을 높여 준다. 무청은 영양가가 풍부한 녹황색채소로 비타민 A와 C가 풍부하다. 말린 무청시래기는 비타민 D와 식이 섬유가 증가되어 체내 노폐물의 배설을 촉진하고 골다공증이나 빈혈에도 효과가 있다. '글루코오스노레이트'라는 강력한 항암 물

질도 증가한다는 것이 최근 실험에서 밝
혀졌다.

애호박은 비타민 A가 풍부해지고, 늙
은 호박은 당도가 증가하고 섬유질이나
미네랄이 풍부해져 건강식으로 좋다.

연근은 건강차로 인식되어 많은 사람들이
관심을 갖는다. 연근을 3~5㎜ 정도로 얇게
썰어 헹구는 물에 소금과 식초를 넣어 변색을
막고, 바람이 잘 통하는 곳에서 바싹 말린다.

전용 건조기를 이용하면 간편하다. 연근이 바싹 말랐으면 기름을 두르지 않은 팬에
서 갈색이 날 때까지 볶는다. 보리차처럼 끓여서 수시로 마셔도 좋고, 컵에 2~3조각
넣고 뜨거운 물을 부어 우려 마셔도 좋다. 두세 번 우려 마실 수 있다.

표고는 생것보다 말린 것이 맛과 향은 물론 영양가도 높다. 버섯이 생것일 때 수분
함량이 80~90%에 이르는데 말리면 생버섯에 비해 비타민 D가 풍부해지고, 영양
소 함량이 8~9배 정도 높아진다. 버섯은 말리면 에르고스테롤이 비타민 D로 더 많
이 전환되어 칼슘의 흡수율을 높여 주고, 생리 활성 물질이 풍부하다.

생고사리에는 아네우리나제라는 비타민 B_1을 파괴하는 효소가 들어 있는데, 삶아서
말리면 독소가 제거되고, 부드러워지며 비타민 D도 풍부해진다.

말린 나물 손질법

겨우내 먹을 수 있는 묵은 나물은 손질을 소홀히 하면 묵은 냄새가 난다. 하룻밤 정
도 충분히 불린 뒤 찬물에 담가 떫은맛과 묵은 냄새를 우려내고 조리한다. 이때 지
나치게 불면 찢어지고 뭉그러져서 요리가 볼품없이 된다. 불려서 보관할 때는 위생비

닐에 불린 나물과 약간의 물을 넣은 뒤에 편편하게 펴서 공기를 빼고 냉동한다. 불린 채소는 물기를 꼭 짠 뒤 양념에 조물조물 무쳐서 볶아야 맛이 고르게 밴다. 볶는 나물은 기름을 넉넉하게 써야 부드럽고, 국물이 자작자작하게 끓여 충분히 뜸을 들여야 질기지 않고 맛있게 먹을 수 있다. 고기류를 부재료로 쓰면 영양이 우수한 반찬이 된다. 예를 들어 호박은 쇠고기, 가지는 돼지고기와 함께 조리하면 좋다.

말린 음식을 먹을 때 주의할 점

건조식품은 말리는 과정에서 영양분이 풍부해지고, 계절에 구애 받지 않고 식품을 섭취할 수 있다. 하지만 말린 과일은 생과일보다 당도가 높아 많이 먹으면 비만의 원인이 될 수도 있다. 곶감은 단감의 3~4배로 단맛이 증가하고, 말린 바나나는 칼로리가 높고 탄수화물이 풍부하며, 아보카도는 지방의 함량이 육류와 비슷할 정도로 높다. 때문에 다이어트 중인 사람과 당뇨병 환자는 많이 먹어서는 안 된다.

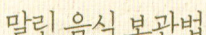

말린 음식 보관법

잘 말렸다면 보관하는 것도 중요하다. 채소류는 그물망이나 종이봉지에 넣어서 통풍이 잘되는 곳에 걸어 둔다. 과일류는 수분 흡수가 잘되므로 건조기를 사용했을 경우 완전히 식힌 뒤에 빈 병이나 통에 담아 밀폐시켜 보관한다. 이때 시중에 판매되는 과자 등에 들어 있는 실리카겔 방습제를 모아 두었다가 함께 넣어 두면 더욱 효과가 있다.

어떻게 말릴까

건조법은 수분 함량을 낮춰 유해 미생물의 생장을 억제하는 식품 보존법이다. 일반적으로 세균은 수분 함량 16% 이하, 곰팡이는 수분 함량 13% 이하에서 생존할 수 없으므로 식품을 건조시켜 변패를 일으키는 원인을 제거하는 것이다.

건조시킬 때에는 되도록 식품의 영양가·색깔·향기·질감 등이 손실되지 않도록 식품에 따라 다루는 법을 달리해야 한다. 식품은 말리는 시기가 가장 중요한데, 일 년 중 가을이 가장 좋다. 가을은 비가 적게 내리고, 습도가 낮고, 햇볕이 좋으며 기온도 내려가 바람이 잘 불어서 식품이 가장 잘 마른다. 말리는 장소는 바람이 잘 통하는 곳이라야 좋은데, 아파트에서는 선풍기를 활용하는 것도 좋다. 전기 건조기를 이용하면 편리하게 말릴 수 있다.

식품의 주요 건조 방법
- 자연 건조 : 햇볕과 바람을 이용해 말린다. 채소·버섯·산나물 등을 자연 상태에서 말리면 비타민 D와 무기질이 풍부해져서 건강에 도움이 된다.
- 인공 건조 : 건조기·오븐·선풍기 등을 이용해서 말린다.

자연 건조법
- 햇볕에 말릴 때는 바람이 잘 통하는 곳에서 가급적 빨리 말린다.
- 발·소쿠리·커다란 채반 등에 겹치지 않게 넓게 펴서 말린다.
- 베란다나 실내에서 단시간에 말리려면 선풍기를 이용한다.
- 하루에 한 번씩은 꼭 뒤집어서 골고루 마르게 한다.
- 무청·배추·시금치 등은 끓는 물에 소금을 조금 넣고 재빨리 데쳐 그대로 말린다.
- 고구마·감자는 쪄서 적당한 크기로 잘라서 말린다.

- 무·애호박·가지 등은 실에 꿰어 줄에 걸쳐 말리면 좁은 공간에서 말릴 수 있다.
- 건조가 끝나면 식품 이름, 말린 날짜 등을 적은 이름표를 붙여 보관한다.
- 잘 말린 나물을 밀폐 용기나 위생 비닐봉지에 방습제를 넣어 서늘한 곳에서 보관한다. 적은 양일 때는 위생 비닐 백에 넣어 냉장고에 보관한다.

건조기 이용 방법

신선한 상태일 때 원하는 만큼 사용하고 남은 식품을 바로 말릴 수 있다.

- 과일·채소·생선·육류·가금류·허브류·꽃 등 거의 모든 식품의 건조가 가능하다.
- 당근·딸기·파프리카 등 색깔이 선명한 채소는 자연 건조에 비해 색과 향이 생생하다.
- 제철이나 할인 기간에 값싸게 구매한 식품을 단시간에 말려서 저장해 둘 수 있으므로 식비를 절감할 수 있다.
- 파인애플·멜론·바나나 등 수분과 당분이 많은 과일을 말릴 때 좋다.
- 날씨 걱정 없이 24시간 건조가 가능하고 간편하다.
- 무청·배추·시금치 등은 끓는 물에 소금을 조금 넣고 재빨리 데쳐서 그대로 말린다.

말린 식품의 무게 변화

채소

이름	생것	말린 것	시간	온도
가지	1.5kg	90g	8시간	55℃
감자	3.4kg	600g	16시간	43℃
고구마	2.6kg	1kg	72시간	자연건조
풋고추	200g	40g	4시간	70℃
마늘	2kg	700g	48시간	43℃
무	3kg	216g	6시간	70℃
당근	200g	25g	3시간	70℃
당근	1.2kg	130g	5시간	70℃
더덕	200g	40g	12시간	70℃
더덕채	200g	25g	4시간	70℃
도라지	170g	20g	3시간	70℃
도라지채	290g	30g	4시간	70℃
배추시래기	1.6kg	112g	7시간	60℃
생강	2kg	270g	22시간	50℃
양파	2kg	200g	48시간	43℃
연근	1kg	200g	12시간	43℃
우엉	730g	120g	5시간	70℃

이름	생것	말린 것	시간	온도
죽순	600g	44g	3시간	70℃
파프리카	810g	80g	10시간	70℃
호박(애호박)	1.5kg	130g	8시간	70℃
호박(늙은호박)	800g	40g	12시간	43℃

버섯

이름	생것	말린 것	시간	온도
느타리	2kg	164g	24시간	70℃
목이	180g	50g	3시간 반	70℃
양송이	1.8kg	180g	17시간	43℃
표고	480g	50g	7시간	70℃

해초

이름	생것	말린 것	시간	온도
매생이	1kg	92g	8시간	70℃
미역	1kg	200g	5시간	70℃
청각	1kg	66g	4시간	70℃
톳	1.5kg	165g	5시간	70℃
파래	930g	130g	7시간	70℃

건조기를 이용하여 과일 말리기

과일 이름	건조 방법	건조 시간 / 온도	무게 변화	비고
단감	깨끗이 씻어서 꼭지 부분을 도려내고 수평으로 0.5cm 두께로 잘라 씨를 빼내고 건조대에 놓는다.	8시간 / 70℃	900g → 186g	말린 그대로 간식. 쿠키·케이크에 넣음
귤	깨끗이 씻어서 껍질을 벗긴 뒤 조각으로 떼어 내어 건조대에 놓거나 수평으로 0.5~1cm 두께로 잘라 건조대에 놓는다.	9시간 / 70℃	400g → 90g	뜨거운 물을 부어 우려내어 차로 마심. 불려서 설탕과 조리면 잼이 됨
딸기	싱싱하고 큰 것으로 선택하여 식초를 떨어뜨린 물에 살짝 씻어 세로로 반으로 자른 뒤 체에 담아 물기를 제거하고 건조대에 놓는다.	24시간 / 55℃	1kg → 236g	바삭바삭 말린 그대로 먹는다.
망고	반으로 갈라 껍질과 씨를 제거한 뒤 0.5cm 두께로 잘라서 건조대에 놓는다.	20시간 / 55℃	1kg → 170g	꾸덕꾸덕 말린 그대로 간식
멜론	껍질과 씨를 제거한 뒤 0.5cm 두께로 잘라 키친타월로 눌러 물기를 없앤 뒤 건조대에 놓는다.	20시간 / 55℃	2kg → 262g	말린 그대로 간식. 쿠키·케이크에 넣음
바나나 - 동전 모양	껍질을 벗기고 수평으로 2등분하거나 통째로, 또는 0.5~1cm 두께로 잘라 건조대에 놓는다.	10시간 / 55℃	800g → 230g	껍질에 검은 반점이 생긴 것을 말린다.
블루베리	깨끗이 씻은 뒤 반으로 잘라 씨를 빼거나, 살짝 데쳐서 껍질을 벗겨 건조대에 놓는다.	24시간 / 55℃	1kg → 120g	포도·체리도 같은 방식으로 말린다.
사과 - 동그란 모양	씨를 뺀 뒤 0.5cm 두께로 잘라 레몬즙을 스프레이로 뿌리거나 식초물에 살짝 담갔다가 키친타월로 물기를 없앤 뒤 말린다.	22시간 / 70℃	1kg → 170g	간식 또는 무말랭이와 섞어 김치 담그기
살구	끓는 물에 살짝 담가 껍질을 벗기고 씨를 빼고 통째로, 또는 0.5~1cm 두께로 잘라 건조대에 놓는다.	20시간 / 55℃	1kg → 200g	꾸덕꾸덕 말린 그대로 간식
오렌지	귤과 같은 방식으로 말린다.	23시간 / 70℃	1kg → 176g	뜨거운 물을 부어 우려내어 차로 마심. 불려서 설탕과 조리면 잼이 됨
키위	껍질을 벗기고 0.5~1cm 두께로 잘라 건조대에 놓는다.	24시간 / 70℃	1kg → 224g	말린 그대로 간식. 쿠키·케이크에 넣음
파인애플	양끝을 잘라 낸 뒤 과육의 가운데 심을 도려내고 껍질을 벗겨 1cm 두께로 잘라 건조대에 놓는다.	24시간 / 70℃	1kg → 220g	말린 그대로 간식. 쿠키·케이크에 넣음

당근을 건조기에 말리면 색이 훨씬 고와진다.　　　　사과를 말릴 때 씨앗 부분을 도려내고 말리면 모양이 아름답다.

양송이를 말려 두면 부식으로, 양념으로, 영　　　　파프리카를 색색으로 말려 두면 색감이나 영
양 간식으로 다양하게 활용할 수 있다.　　　　　　양 면에서 훌륭한 식재료가 된다.

가지를 자연 건조할 때는 세로로 십자 칼집을　　　고구마는 자연 건조가 가장 좋다. 꾸덕꾸덕하
넣어 걸어서 말리면 간편하다.　　　　　　　　　게 말리면 천연 건강식이다.

채소 말리기 - 건조기와 자연 건조 비교

채소	건조기로 말리기	자연 건조
가지	깨끗이 씻어서 수평으로 0.5cm 두께로 잘라 살짝 찌거나 소금물에 담갔다가 건조대에 놓는다.	가지는 꼭지째 칼집을 세로로 4~6등분한 뒤 찜통에 살짝 쪄서 가을 햇살이 좋을 때 줄에 매달아 말린다. 5일 정도 말린다.
감자 고구마	깨끗이 씻어서 찜기에 약간 덜 익을 정도로 찐 뒤 0.5~1cm 두께로 잘라 건조대에 놓는다. 막대 모양으로 잘라 말려도 좋다.	껍질을 벗겨 얇게 썰어 찬물에 1~2시간 담갔다가 건진다. 펄펄 끓는 물에 2~3분 삶아 건져 볕이 좋은 날 바싹 말린다.
고구마순	고구마순 줄기가 빨간 것은 껍질째 삶고, 푸른 것은 껍질을 벗기고 데쳐서 찬물에 행구어 물기를 뺀 뒤 건조대에 놓는다.	손질하여 데친 고구마순을 채반에 널어 햇살과 바람이 통하는 곳에서 뒤집어 가며 말린다. 3일이면 바짝 마른다.
고사리 고비	질긴 부분은 잘라 내고 푹 삶아 찬물에 담가 쓴맛과 떫은맛을 우려낸 뒤 건조대에 놓는다. 반 정도 마르면 손으로 비벼 부드럽게 한 뒤 다시 바싹 말린다.	푹 삶아 물에 담가 쓴맛과 떫은 맛을 어느 정도 우려낸 뒤 채반에 널어 햇볕에 한나절 정도 말려 손으로 비벼 다시 바싹 말린다. 2일이면 바짝 마른다.
풋고추	부각용 풋고추를 말릴 때는 고추를 씻어 반으로 갈라 소금물에 하룻밤 담가 두었다가 씨를 뺀 뒤, 찹쌀가루나 밀가루를 씌워 살짝 쪄서 건조대에 놓는다.	준비한 풋고추를 채반에 골고루 펴서 바람이 잘 통하는 곳에서 말린다. 풋고추를 그냥 말릴 때는 명주실을 고추를 꿰어 바람이 잘 통하는 곳에 걸어서 말린다. 햇볕에 3일 정도 말린다.
고추	깨끗이 씻은 뒤 꼭지를 떼어 내고 반으로 갈라 씨를 빼내고 건조대에 놓는다.	고춧가루로 쓸 때는 적당히 잘라 말려서 분쇄한다.
고춧잎	뻣뻣한 줄기는 떼어 내고 끓는 물에 소금을 넣고 살짝 데쳐서 찬물에 담갔다가 물기를 뺀 뒤 펼쳐서 건조대에 놓는다.	손질하여 데친 고춧잎을 배반이나 발에 널어 말린다. 2일이면 바짝 마른다. ※묵은 나물은 푹 삶아서 삶은 물에 그대로 두는 것이 맛이 부드럽다.
당근	깨끗이 씻어서 껍질을 벗기고 0.5cm 두께로 잘라 건조대에 놓는다.	얇게 썰어 채반에 펼쳐 햇볕에 하루에 한 번 정도는 뒤집어 가며 말린다.
도라지	껍질을 벗기고 0.5~1cm 두께로 잘라 소금에 바락바락 주물러 체에 밭쳐 물기를 뺀 뒤 건조대에 놓는다.	손질한 도라지를 채반이나 발에 골고루 펴서 바람이 잘 통하는 곳에서 말린다. 햇볕에 일주일가량 말려야 보관해도 썩지 않는다.
더덕	껍질을 돌려 가며 벗긴 뒤 찬물에 담가 쓴맛을 없앤다. 물기를 닦은 뒤 방망이로 두드려 넓게 펴서 건조대에 놓는다.	손질한 더덕을 채반이나 발에 겹치지 않게 펴서 말린다. 햇볕에 일주일가량 말려야 보관해도 썩지 않는다.
마늘 생강	껍질을 벗기고 씻어서 수평으로 0.5cm 두께로 잘라 건조대에 놓는다. 마늘은 통째 말리거나 2등분해서 말린다.	마늘이나 생강은 가루로 빻아 요리에 양념으로 사용하면 편리하다.
무	껍질째 깨끗이 씻어서 길이 4cm, 두께 0.7cm 두께로 막대 모양으로 잘라 건조대에 놓는다.	손질한 무를 손가락 두께 정도로 썰어 채반에 겹치지 않게 펴서 햇볕이 잘 드는 곳에서 뒤적여 가면 말린다. 보통 4일이면 마르지만 1주일가량 말려야 저장성이 좋아진다.

채소	건조기로 말리기	자연 건조
무청 배추	무청이나 배춧잎을 끓는 물에 소금을 넣고 살짝 데친 뒤 찬물에 헹구어 물기를 빼고 건조대에 펼쳐 놓는다.	무청은 무 윗부분를 조금 남기고 잘라 잎이 떨어지지 않게 하여 줄에 걸거나 끈으로 엮어서 걸어 말린다. 바람이 잘 통하는 그늘에서 말려햐 한다. 햇볕을 많이 쬐면 색이 누래지고 맛이 없어진다.
양파	껍질을 벗기고 씻은 뒤 수평으로 0.5~1㎝ 두께로 원통으로 잘라 건조대에 놓는다.	식감이 부드러운 채소는 따뜻한 물에 불려 말랑말랑해지면 건져 낸다.
연근	껍질을 벗겨 깨끗이 씻은 연근을 0.5~1㎝ 두께로 썰어 소금과 식초를 약간 넣은 물에 헹구어 물기를 빼고 건조대에 놓는다.	연근은 0.3㎝ 두께로 잘라 소금과 식초를 약간 넣은 찬물에 헹구어 채반에 널어 말린다.
우엉	수세미로 껍질을 문질러 씻어 원하는 길이대로 0.5~1㎝ 두께로 썰어 소금과 식초를 넣은 찬물에 헹구어 물기를 빼고 건조대에 놓는다.	수세미로 껍질을 문질러 씻어 물에 깨끗이 씻어, 두께 0.3㎝ 정도로 얇게 잘라 소금과 식초를 넣은 찬물에 한 번 헹군 뒤 채반에 널어 말린다.
죽순	겉껍질을 벗기고 넉넉한 쌀뜨물에 30분가량 삶아 떫은맛을 없앤다. 찬물에 담가 껍질을 벗겨 물기를 빼고 0.5~1㎝ 두께로 썰어 건조대에 놓는다.	간장과 소금을 동시에 넣어서 간을 하면 쓴맛이 덜해 나물의 맛이 더욱 살아난다.
토란대	토란대 껍질을 벗겨 소금을 넣은 물에 데쳐 헹구어 물기를 빼고 건조대에 놓는다.	손질한 토란대를 채반에 널어 햇볕에 말린다.
파프리카	꼭지를 잘라 내고 길이로 반 가른 뒤 흰 부분과 씨를 털어 내고 건조대에 놓거나 몸통 모양대로 둥글게 0.5~1㎝ 두께로 썰어 건조대에 놓는다.	채반에 겹치지 않게 담아 햇볕에 말린다. 한쪽을 완전히 말린 다음 뒤집어 말리면 깨끗하게 마른다.
호박 늙은 호박	애호박은 0.5~1㎝ 두께로 통째 썰고, 늙은호박은 껍질을 벗기고 씨를 빼서 0.5~1㎝ 두께로 썰어 건조대에 놓는다 .	애호박을 햇볕에 말릴 때는 꾸들꾸들해질 때 뒤집어 주어야 채반에 달라붙지 않고 색이 희며 모양이 반듯하다. 뒤집어 주지 않아 햇볕을 보지 못한 면은 색이 누렇다. 늙은 호박은 껍질을 벗기고 꼭지를 도려내고 씨를 발라 낸 뒤 0.7㎝ 두께로 칼로 돌려 가며 오려서 한 줄이 되게 하여 줄에 걸어 말린다. 햇볕에 1주일 정도 말린다.
허브	깨끗이 손질하여 물기를 없앤 뒤 건조대에 놓는다. 국화처럼 향이 강하거나 민들레처럼 신맛이 강한 꽃은 살짝 쪄서 말린다. 꽃을 말릴 때 스프레이 용기에 연한 설탕물을 넣어 2~3회 뿌려 주면 맛이 부드러워진다.	깨끗이 손질하여 물기를 턴 허브를 채반이나 발에 골고루 펴서 햇볕에 말린다. 잎이 도톰한 것은 중간에 한 번 뒤집어 주고, 로즈마리처럼 잎과 가지가 가는 것은 그대로 말려도 된다.
산나물	손질한 산나물을 끓는 물에 소금을 넣고 데쳐 헹구어 물기를 빼고 건조대에 놓는다.	산나물을 끓는 물에 소금을 넣고 데쳐서 건져 발이나 채반에 펴서 뒤적여 주며 말린다.
버섯	깨끗이 씻어서 큰 것은 수평으로 포를 뜨듯이 2~3등분하여 건조대에 놓는다.	채반에 펴서 햇볕에 말리면 비타민 D가 증가된다.

과일

감

제철 시기 & 고르기

10~11월. 만졌을 때 단단하며 껍질은 매끈하고 선홍색으로 위아래 색깔이 거의 같은 것으로 꼭지가 찌그러지지 않은 것이 좋다. 감은 꼭지의 반대쪽과 씨 주위가 가장 달고 맛있으므로 세로로 잘라 껍질을 얇게 깎아 먹는다.

주요 영양소

감은 한국·중국·일본이 원산지이다. 비타민의 보고로 비타민 A, B₁, B₂가 풍부하고 비타민 C의 함량이 귤의 2배, 사과의 6배나 들어 있어 종합 비타민제라고 할 수 있다. 주성분은 당질로서 15% 정도 들어 있으며 열량이 높은 과일로 100g 당 열량이 60㎉에 달한다. 감기를 예방하고 면역력을 높이며, 설사를 멎게 하고 숙취 해소에 도움이 된다. 악취 제거에도 효과가 있어 단감을 먹으면 입냄새가 없어진다.

보관하기

떫은 감은 두꺼운 종이에 하나씩 싸서 그늘진 곳에 두거나 쌀 속에 20일 정도 묻어 두면 공기가 통하지 않아 떫은맛이 없어지고 단맛이 증가한다.

> **Tip 감 제대로 알기**
>
> 감 껍질에는 비타민·플라보노이드·미네랄 등이 풍부하며, 특히 페놀 성분이 있어 각종 질병의 원인이 되는 활성 산소를 억제하므로 껍질째 먹는다.

감의 떫은맛 성분인 탄닌은 지나치게 섭취하면
철분 흡수가 떨어지지만, 적당히 섭취하면 해독
효과가 있고 위에도 건강한 자극을 준다. 감을 말린
감말랭이는 칼슘과 마그네슘 등의 미네랄과 비타민이
풍부하여 영양학적으로 우수하다. 또한 항산화
물질인 폴리페놀도 매우 많이 들어 있어서 항암
작용을 기대할 수 있다.

과일시리얼

재료

말린 과일(딸기·바나나·멜론·파인애플 등) 2큰술, 우유·시리얼 적당량

만드는 법

1 도마 위에 종이 타월을 깔고 말린 과일을 올려놓고 칼로 굵게 다진다.
2 오목한 그릇에 ①의 과일과 시리얼을 함께 넣고 우유를 부으면 된다.
3 달콤한 맛을 원하면 꿀을 넣는다.

Tip 곶감은 당분이 45%나 들어 있는 고열량 식품이다. 말리는 과정에서 단맛과 비타민 A가 생감보다 3배 정도 많아진다. 곶감을 고를 때는 흰 가루가 많고 도톰하고 단단한 것을 고른다.

과일찰밥

재료

찹쌀 2컵, 쌀 1/2컵, 소금 1/2작은술, 밥물 1.5컵
＊말린 과일 : 감 50g, 파인애플·바나나·살구 30g씩, 대추채 1큰술

만드는 법

1 찹쌀과 쌀은 살살 씻은 뒤에 30분 정도 불린 뒤 건져서 물기를 뺀다.
2 말린 과일은 찬물에 담가 1시간 정도 불린 뒤 사방 1cm 모양으로 자른다.
3 대추는 돌려 깎아 씨를 없앤다.
4 불린 찹쌀과 쌀에 밥물을 붓고 소금을 넣어 센 불로 끓인다. 끓어올라 거품이 나면 ②의 과일을 넣고 약한 불로 5~7분간 끓인다.
5 불을 끄고 대추채를 넣은 뒤 약 5분간 뜸을 들인다.

Tip 호두나 잣 등의 견과류를 넣으면 영양과 고소함이 더해진다. 견과류는 뜸이 들 때 넣어야 물렁해지지 않는다.

감귤

제철 시기 & 고르기

11~12월. 탄력이 있고 껍질이 얇으며 꼭지가 싱싱하고 작으며 중량이 나가는 것이 좋다. 껍질과 알맹이가 따로 떨어져 있는 것은 좋지 않다.

주요 영양소

감귤의 독특한 향기와 쓴맛 성분이 항산화 작용을 한다. 귤의 신맛은 구연산에 의한 것으로 신진대사를 촉진하여 피로를 풀어 주고, 피를 맑게 하며, 속쓰림을 해소하는 효과가 있다. 속껍질에는 비타민 P라고 하는 헤스페리딘이 많이 들어 있다. 비타민 P 는 비타민 C의 흡수와 작용을 도와 모세혈관을 튼튼하게 하고, 심장병과 뇌졸중의 위험을 줄일 수 있다. 귤을 먹을 때 흰 실 같은 속껍질을 벗기지 않고 먹는 것이 좋다.

보관하기

비닐봉지에 넣어서 채소실에 넣으면 비교적 오래 보관할 수 있다. 저장성이 좋지 않으므로 한꺼번에 많이 사지 않는다. 귤 상자에 넣은 채로 보관할 때는 어둡고 시원한 장소에 공기가 통하도록 뚜껑을 열어 두는 것이 좋다.

Tip 귤 제대로 알기

귤은 몸이 냉한 사람이 많이 먹으면 좋지 않다. 이런 사람은 귤 알맹이보다는 껍질을 달인 귤차로 먹는 것이 더 좋다. 귤에는 당분이 들어 있으므로 당뇨병 환자는 하루 1개 정도만 먹는 것이 좋다.

감귤은 껍질에 영양 성분이 더 많다. 감귤 껍질에는 비타민 C가 알맹이의 4배에 달하고, 플라보노이드가 들어 있어 고지혈증을 예방한다. 또 비만을 억제하고 콜레스테롤을 감소시키는 성분도 함유되어 있다.

귤정과

재료
귤 10개, 물엿 1/2컵, 설탕·물 1/4 컵씩

만드는 법
1 귤은 깨끗하게 씻어서 0.3cm 두께로 얇게 썬다.
2 ①의 귤을 꾸덕꾸덕하게 말린다.
3 냄비에 ②의 귤, 물엿·설탕·물을 넣고 센 불에서 끓이다가 팔팔 끓으면 약한 불로 조린다.
4 ③의 정과를 망에 올려 식힌다.

Tip 귤을 썰어서 바로 조려도 되지만 말려서 조리면 더 맑고 투명한 정과를 만들 수 있다. 금귤을 사용하면 작고 앙증맞은 간식거리가 된다.

귤차

재료

말린 귤껍질 10g, 물 1.5ℓ

만드는 법

1 귤껍질을 물 1.5ℓ에 넣고 약한 불로 천천히 끓인다.

2 그냥 마셔도 좋고, 기호에 따라 꿀을 타서 마셔도 좋다.

Tip 귤껍질은 맛이 맵고 따뜻한 성질로 기(氣)를 잘 순환시키고 비장과 위장을 보하고 조절한
다. 폐의 기를 다스려 기침·가래·감기 등을 완화시킨다.

딸기

제철 시기 & 고르기

시설 재배로 한겨울에 딸기가 많이 나오지만 자연산은 원래 5~6월이 제철이다. 과육의 색깔이 꼭지 부위까지 붉은색이 선명하고 무른 곳이 없는 것, 씨가 균일하게 배열되어 있고 꽃받침이 과일과 반대 방향으로 젖혀진 것이 싱싱하다.

주요 영양소

남미의 칠레가 원산지인 딸기는 과실 중에서 비타민 C가 가장 많이 들어 있는데 귤의 2배가 넘는다. 비타민 C와 철분이 풍부하여 스트레스를 해소하고, 피부의 콜라겐 생성을 도우며 혈색을 좋게 한다. 충치 예방에 도움이 되는 자일리톨이 풍부하여 식후 디저트로 딸기를 먹으면 충치를 예방할 수 있다. 또 리코펜 성분은 혈관을 튼튼하게 하여 노화를 방지하고, 안토시아닌은 시력 회복에 효과가 있다. 딸기를 하루에 5개 정도 먹으면 성인 하루 필요량을 섭취할 수 있다.

보관하기

수분이 많아 상하기 쉬우므로 꼭지를 따지 않은 상태로 랩에 싸서 채소실에 둔다. 오래 저장하기 어려워 잼이나 술 등을 만들거나 얼렸다가 쉐이크를 만들어 먹는다.

Tip 딸기 제대로 알기

딸기와 우유는 천생연분이다. 딸기의 구연산이 우유에 들어 있는 칼슘의 흡수를 도와주기 때문이다. 그러므로 딸기 주스를 만들 때 우유를 함께 넣으면 딸기의 영양가를 더욱 많이 흡수할 수 있다.

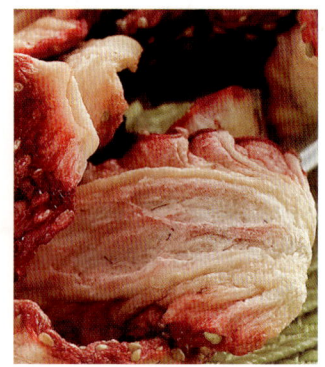

딸기칩

재료

딸기 1kg

만드는 법

1 크고 싱싱한 딸기를 골라 흐르는 물에 재빨리 씻어서 꼭지를 딴다.

2 딸기를 수직으로 2등분한다.

3 채반에 겹치지 않게 펼쳐 놓고 말린다. 전기 건조기에서 말리면 색이 훨씬 예쁘다.

4 다 말랐으면 밀폐 용기에 담는다. 전기 건조기로 말린 것은 열기를 식힌 뒤에 밀폐 용기에 넣는다.

5 말린 딸기 그대로 간식으로 먹는다.

Tip 오래 보관할 것이 아니라면 꾸덕꾸덕한 상태로 말린 것이 더 먹기 좋다. 딸기는 매우 빨리 물러져서 보관하기가 까다로운데, 말리면 보관 기간도 늘어나고 당도가 높아지고 쫄깃쫄깃한 간식이 된다.

딸기부꾸미

재료

말린 딸기 1컵, 미지근한 물 1컵, 설탕 1/3컵, 소금 1/3작은술, 물엿 1큰술, 찹쌀가루 반죽(찹쌀가루 2컵, 소금 1/2작은술, 뜨거운 물 4큰술), 대추 5개, 잣·식용유 적당량, 꿀 약간

만드는 법

1 말린 딸기에 미지근한 물을 부어 1시간 정도 말랑말랑해지도록 불린다.

2 냄비에 버터 1/3작은술을 넣고, ①과 설탕을 넣어 약한 불에서 수분이 없도록 졸여 식혀 둔다.

3 찹쌀가루에 소금과 뜨거운 물을 넣고 반죽하여 치대 찹쌀가루 반죽을 만든다.

4 대추는 돌려 깎아 씨를 발라 돌돌 말아 얇게 썰고, 잣은 고깔을 벗기고 고명으로 준비한다.

5 ③의 찹쌀반죽을 지름 8cm, 두께 0.5cm로 동그랗게 빚어 부꾸미 반죽을 만든다.

6 달군 팬에 식용유를 두르고 ⑤의 반죽을 지지다가 ②의 딸기소를 가운데 넣고 양쪽에서 접는다.

7 ④의 고명으로 준비한 대추채와 잣을 얹어 꿀을 뿌려 낸다.

Tip 싱싱한 딸기는 먹기 직전에 물에 씻어 꼭지를 떼고 우유를 넣어 먹거나 요구르트와 와인을 뿌려 먹으면 더욱 맛있게 먹을 수 있다. *찹쌀 가루를 반죽할 때 흑임자 가루를 넣으면 검은색 부꾸미가 된다.

망고

제철 시기 & 고르기

2~6월. 껍질이 노란 페리칸 망고와 초록색에서 붉은색으로 변하는 애플 망고가 있다. 표면이 매끈하고 검은 반점이 없으며 흠이 없는 것을 고른다. 잘 익은 것은 꼭지에서 특유의 향이 나고 샛노랗다.

주요 영양소

'열대 과일의 왕'으로 불리며 세계에서 가장 많이 재배되는 망고는 과일 중에서는 드물게 비타민 비타민 E와 카로틴이 함유되어 있는데, 카로틴 함유량은 모든 과일 중 최고로 호박의 2배나 된다. 비타민 C는 사과의 7배나 되어 몸에 저항력과 면역력을 증진시켜 주며, 피부를 탄력 있게 하고 빈혈 예방과 개선에도 도움이 된다. 덜 익은 것은 신맛이 강하지만 완숙되면 신맛과 단맛이 어우러지고 특유의 향이 생긴다. 부드럽고 달콤하게 목으로 넘어가는 느낌 만큼이나 소화를 촉진시키는 효능도 크다.

보관하기

후숙 과일의 하나로, 온도가 높은 곳에 두면 숙성이 빨라지므로 서늘한 곳에 둔다.

Tip 망고 제대로 알기

망고의 손질은 세로로 3등분하여 씨를 발라내고 과육에 바둑판 모양으로 칼집을 낸다. 껍질째 과육을 뒤로 젖히면 먹기 편하다. 식욕을 돋우고 칼로리가 낮아 애피타이저나 디저트로 적합하다.

망고에는 비타민 A가 풍부하여 시력 향상에 도움이 되므로 수험생 간식으로 권할 만하다.

칼로리는 100g당 68칼로리 정도로 그리 높지 않지만 당분이 많으므로 다이어트를 할 때는 많이

먹지 않도록 한다. 그런데 최근에 망고 껍질 속에 포함된 파이토케미컬(phytochemical) 성분이

지방 세포의 성장을 막아 준다는 연구 결과가 발표되었다.

망고빠스

재료

말린 망고 1컵, 밀가루 6큰술, 달걀
흰자 1개
*시럽 : 물 1/2컵, 설탕 4큰술, 물엿
4큰술

만드는 법

1 말린 망고는 끓는 물에 넣었다가 바로 건져 물기를 제거한다.
2 망고에 밀가루와 달걀흰자를 넣고 잘 섞이도록 반죽한다.
3 끓는 기름에 반죽을 한 숟가락씩 넣어 바삭하게 튀겨서 건진다.
4 시럽을 만들어 튀긴 망고를 넣어 굴려 준다.

Tip 열대 과일이라 냉장 보관하면 좋지 않으므로, 먹기 직전에 잠시 냉장고에 넣어 찬맛을 느끼는
것이 좋다.

망고칩

재료

망고 2개, 물 2컵, 식초 1큰술

만드는 법

1 망고는 식초를 넣은 물에 20분간 담가 잔류 농약을 제거한다.

2 망고의 씨를 빼고 껍질째 0.2cm 두께로 썬다.

3 건조기에 겹치지 않게 펼쳐 놓고 말린다.

4 충분히 열기를 식힌 다음 밀폐 용기에 담는다.

5 꾸덕꾸덕 말린 그대로 간식으로 먹는다.

Tip 채반에 놓고 통풍이 잘되는 곳에서 말린다. 말린 과일은 무색소, 무첨가물의 자연 그대로 의 맛을 즐길 수 있는 웰빙 간식이다.

멜론

제철 시기 & 고르기

7~8월. 껍질망 모양의 그물 무늬 간격이 선명하고 꼭지 부분까지 고르게 잘 분포되어 있는 것이 좋다. 꼭지 부분이 안으로 움푹 들어간 것, 꼭지 부분의 잎이 바싹 마른 것을 고른다. 노랗게 변한 것은 지나치게 익은 것이며, 꼭지의 아래쪽을 눌러 보아 말랑말랑한 느낌이 날 때가 가장 맛있다.

주요 영양소

단맛이 강하지 않고 향기가 은은하여 일찍이 서양에서 후식용으로 대접 받아 온 과일이다. 껍질에 그물 모양이 있는 것과 없는 것이 있다. 대표적인 여름철 과일로, 갈증을 해소하고 몸을 시원하게 하는 효과가 있다. 주성분은 당질의 과당과 포도당이 주성분으로 체내에서 잘 흡수된다. 비타민 A·C, 카로틴, 칼륨, 철분은 물론 엽산이 풍부하여 혈행을 원활히 한다. 몸속 혈전이 생성되는 것을 막아 동맥경화와 심장병, 뇌졸중 예방에 효과가 있고, 부기를 빼는 데 탁월한 효과가 있다.

보관하기

대표적인 후숙 과일이므로 구입 뒤 실온에 2~3일 정도 두었다가 잘 익으면 봉지에 넣어 냉장고에 보관한다. 시원하면 더 달게 느껴지므로 냉장 보관하여 시원하게 먹는다.

> **Tip** 멜론 제대로 알기
>
> 멜론은 한 그루에 열매가 하나만 열리는 과일이라 가격이 비싼 편이다. 갈아서 주스로 마시거나 샐러드에 넣어도 좋지만, 조각배 모양으로 썰어 멜론에 나무젓가락을 꽂아 냉동실에 얼리면 또 다른 풍미의 얼음 과일이 된다.

멜론에는 혈액 응고를 막아 주는 아데노신(Adenisine) 성분이 함유되어
있어 뇌졸중과 심장 질환을 예방하는 데 도움이 된다.

멜론고구마스프

재료

말린 멜론 1컵, 고구마 1개(300g), 양파 1/2개, 물 2컵, 우유 2컵, 플레인 요거트 1개, 올리브유 1큰술, 소금·후춧가루 약간씩

만드는 법

1 말린 멜론에 따뜻한 물 2컵을 붓고 뚜껑을 덮어 불려 부드럽게 한다.
2 고구마는 껍질을 벗겨 얇게 자르고 양파는 채 썬다.
3 냄비에 올리브유를 두르고 양파가 투명해질 때까지 볶는다. ①의 멜론과 고구마를 넣고 잠깐 볶다가 물을 붓고 고구마가 익을 때까지 끓인다.
4 고구마가 다 익으면 한 김 식힌 뒤에 믹서에 곱게 간다.
5 냄비에 ④와 우유를 넣고 끓이다가 걸쭉해지면 불을 끄고 플레인 요거트를 넣고 잘 섞어 준다.
6 소금과 후춧가루로 간한다.

Tip 멜론은 녹는 듯한 감촉과 향기를 지니고 있고 즙이 많아 매우 맛있는 여름 과일이다. 부드럽고 구수하고 영양도 풍부하여 환자식이나 이유식, 건강식으로 좋다.

멜론바닐라쉐이크

재료

말린 멜론 100g, 바닐라 아이스크림 2컵, 우유 1컵

만드는 법

1 말린 멜론에 물 1컵, 설탕 1큰술을 넣고 말랑말랑하게 불려 체에 건져 놓는다.

2 믹서에 ①과 바닐라 아이스크림, 우유를 넣고 곱게 간다.

Tip 말린 과일은 그냥 먹어도 맛있고, 아이스크림에 올려 장식할 때도 유익하다. 생크림을 휘핑해 켜켜이 쌓아 올린 뒤 말린 과일로 장식해도 멋있다.

바나나

제철 시기 & 고르기

사계절. 바로 먹으려면 껍질에 갈색 반점이 있는 바나나를 고르고, 나중에 먹으려면 꼭지에 녹색 부분이 남아 있고 껍질에 흠집이 없는 것이 좋다. 껍질에 갈색 반점이 나타날 때 맛이 가장 달고 영양가가 높다.

주요 영양소

바나나는 당질이 풍부하여 과일 중에서 칼로리가 가장 높고, 소화가 잘되므로 주식으로 이용할 수 있다. 특히 껍질 부분에 있는 '부포테닌(Bufotenin)'이라는 알칼로이드 합성물은 약한 환각제로서 기분을 들뜨게 만들어 준다고 한다. 고단백 식품으로 비타민 C·B6, 엽산, 칼륨이 풍부한데, 이 칼륨은 나트륨을 감소시켜 주므로 심장병·신장병·간경변 환자 등 나트륨에 대한 부담이 큰 사람이 즐겨 먹을 수 있다.

보관하기

찬 곳에서는 쉽게 변질되므로 냉장고에 보관할 수 없는 과일로, 섭씨 13~16℃의 실온에 보관하는 것이 가장 좋다. 익은 것은 껍질을 벗긴 뒤 비닐랩에 싸서 냉장고 채소실이나 냉동실에 보관한다. 냉동시킨 것은 해동하지 않고 그대로 먹거나 쉐이크 또는 주스를 만들어 먹는다.

Tip 바나나 제대로 알기

바나나는 우유와 함께 먹으면 뇌 운동을 좋게 하고 위장병을 예방한다. 그러나 덜 익은 바나나는 탄닌 성분이 있어 변비와 소화불량을 유발하므로 주의한다.

바나나의 당질은 소화 흡수가 잘되므로
위장 장애나 설사 또는 위하수 증상이 있는
사람에게 도움이 된다. 바나나를 동글게 썰어
말리면 영양 간식으로 매우 좋다.

바나나파이

재료

바나나 2개, 춘권피 10장, 계피가루 1작은술, 버터·꿀 1큰술씩, 튀김용 기름 적당량(흑설탕 1/2작은술)

만드는 법

1 바나나는 껍질은 벗기고 길게 세로로 2등분하여 건조기에 꾸덕꾸덕하게 말린다.
2 춘권피는 마르지 않게 젖은 수건으로 덮어 준비한다.
3 바나나를 잘게 자른 뒤, 계피가루·버터·꿀을 넣어 섞는다.
4 춘권피에 바나나 반죽을 한 숟가락 놓고 돌돌 말아 튀겨 낸다.

Tip 춘권피가 바나나를 감싸고 있어 한 입 베어 물면 바삭하면서 쫄깃 달콤한 바나나의 식감을 느낄 수 있다. 바나나는 조리할수록 달콤해진다.

바나나칩

재료

바나나 2개

만드는 법

1 바나나 껍질을 벗긴 뒤 0.3㎝ 두께로 둥글게 통으로 썬다.

2 건조기에 겹치지 않게 놓고 꾸덕꾸덕할 정도로 말린다.

3 충분히 열기를 식혀서 밀폐 용기에 담아 보관한다.

4 그대로 간식으로 먹는다.

Tip 약간 딱딱하지만 달면서도 담백한 맛으로 그냥 먹어도 좋고, 우유와 먹으면 좋은 간식이다.

블루베리

제철 시기 & 고르기
모양이 좋고 색이 선명한 것을 고른다.

주요 영양소
세계 10대 건강음식으로 선정될 만큼 건강 효과가 탁월하다. 모든 과일과 채소 가운데 항산화 효과가 가장 뛰어나다고 알려져 있다. 블루베리나 오디 등의 검푸른색에는 안토시아닌이라는 폴리페놀 성분이 들어 있다. 안토시아닌은 몸에 영양소를 전달하는 데 효과를 발휘하여 인지 기능에 중요한 역할을 한다. 우리 뇌세포를 손상시키는 산화 물질을 억제하여 치매와 심장병, 심장 발작, 동맥경화를 예방한다. 또 항산화 물질인 엘라그산이 암을 예방하고 모세혈관을 강화하여 혈액 순환을 원활하게 한다. 노화를 예방하는 대표적인 과일이다.

보관하기
과육이 연하고 쉽게 상하므로 구입한 즉시 잘 씻어서 먹는다. 오래 두고 먹으려면 씻어서 꼭지를 따고 물기를 뺀 뒤 냉동 보관한다. 말려서 보관하면 여러 모로 활용 가능하다.

Tip 블루베리 제대로 알기

베리류는 딸기 종류로, 야생에서도 쉽게 만날 수 있다. 앙증맞은 과일인 딸기는 스트로베리(Straw-berry), 흔히 산딸기라고 알려져 있는 라즈베리(Raspberry), 주스로 유명한 크린베리(Cranberry), 맛이 달콤한 블랙베리(Blackberry) 등이 있다.

블루베리에는 박테리아를 박멸하는
이콜라이(E. coli) 균이 들어 있어
설사와 요로 감염을 치료하는 데
도움이 된다. 시력을 강화해 주는
효과가 잘 알려져 있지만 기침 감기를
치료하는 효과도 매우 크다.

블루베리아이스바

재료

말린 블루베리 1컵, 플레인 요거트 2개(170g), 꿀 4큰술

만드는 법

1 말린 블루베리 1컵에 물과 설탕을 1큰술씩 넣어 말랑말랑하게 불린다.
2 ①의 불린 물과 플레인 요거트, 꿀을 믹서에 함께 넣고 간다.
3 아이스바 용기에 담아 냉동실에 3~4시간 얼린다.

Tip 틀에서 뺄 때는 실온에 5분 이상 두거나 따뜻한 수건으로 싼 뒤에 뺀다. ＊아이스 용기가 없을 때는 종이컵을 사용하여 얼린다.

블루베리시리얼바

재료

견과류(슬라이스 아몬드·볶은 땅콩·호두) 500g, 블루베리 3큰술
*시럽 : 황설탕·물엿·물 3큰술씩

만드는 법

1 뜨겁게 달군 팬에 견과류를 넣고 살짝 볶는다.
2 냄비에 시럽 재료를 넣고 중간 불에서 거품이 날 때까지 끓인다.
3 ②에 볶은 견과류와 블루베리를 넣고 약한 불에서 섞다가 실이 생기면 한 덩어리가 되도록 버무린다.
4 사각 그릇에 랩을 깔고 ③을 담는다. 주걱으로 꾹꾹 눌러 모양을 잡아 주고 냉장고에서 1시간 동안 굳혀서 자른다.
5 밀폐 용기에 담아 보관한다.

Tip 시럽은 재료 1컵에 시럽 5~6큰술이 적당하다. 시럽을 지나치게 많이 넣으면 제대로 굳어지지 않는다.

사과

제철 시기 & 고르기

9~10월. 껍질이 얇고 흠이 없으며, 전체적으로 붉은 색깔이 있는 것을 고른다. 너무 큰 것보다는 중간 크기의 것이 맛도 좋고 저장성도 좋다.

주요 영양소

사과는 비타민과 무기질이 풍부하여 두통과 스트레스 해소는 물론 피로 해소에 도움이 된다. 사과의 페놀·플라보노이드 성분은 건강에 해로운 중성지방을 감소시키는 효과가 있다. 식이 섬유인 펙틴은 변비와 심한 설사에 좋은데, 펙틴은 수분을 머금으면 한천 상태로 굳어져 소화 흡수되지 않고 그대로 배설된다. 변비일 때는 변을 밀어내고, 설사일 때는 수분을 흡수하여 적당한 상태로 굳혀 주는 특성이 있다. 껍질 부분에 많으므로 가능하면 껍질을 벗기지 않고 먹는 것이 좋다.

보관하기

오래 보관하려면 모래 상자나 쌀겨 속에 사과를 묻어 두는 것이 좋다. 냉장 보관할 때는 다른 채소와 닿지 않도록 하나씩 종이에 싸서 비닐봉지에 담아 냉장고 채소칸에 둔다. 잼·술·식초·파이·소스 등 그 쓰임새도 매우 다양하다.

Tip 사과 제대로 알기

'아침에는 황금, 밤에는 독'이라는 말이 있다. 아침에 먹는 사과는 에너지원이 되고 위액 분비를 촉진하기 때문에 몸에 이롭지만 밤에 먹으면 속이 쓰리거나 뱃속이 불편해지기도 한다. 이는 사과의 성질이 차고 섬유질이 많아 장을 자극해 배변과 위액 분비를 촉진하기 때문이다.

사과를 껍질째 갈아 꿀과 흑설탕을 섞어 매일 아침 공복에 마시면 변비나 설사 등

위장 장애로 생기는 어깨 결림이나 불쾌감을 개선할 수 있다.

사과스낵

재료

사과 2개, 파인애플 1/2개, 슬라이스 아몬드 1컵, 과일 주스 적당량

만드는 법

1 파인애플은 껍질을 벗기고 잘게 자른다.
2 사과는 베이킹 소다로 깨끗이 문질러 씻고 흐르는 물에 헹군다.
3 사과는 껍질째 잘게 썬다.
4 파인애플과 사과를 믹서기에 넣고 과일 주스를 조금씩 넣어 주면서 되직하게 간다.
5 ③을 건조기의 투명 플라스틱 판에 랩을 깔고 부은 뒤 슬라이스 아몬드를 흩뿌리고 편편하게 펴서 말린다.
6 충분히 열기를 식힌 뒤에 밀폐 용기에 담는다.

Tip 사과와 파인애플의 은은한 향과 아몬드의 고소함이 살아 있는 맛과 영양이 충분한 마른 간식이다.

사과칩

재료

사과 2개, 레몬 1/2개

만드는 법

1 사과는 베이킹 소다로 깨끗이 문질러 씻고 흐르는 물에 헹군다.
2 사과 꼭지 부분을 도려낸 뒤에 0.5cm 정도의 두께로 동그랗게 썬다.
3 갈변을 방지하기 위해 붓으로 사과 단면에 레몬즙을 발라 준다.
4 건조기에서 충분히 말린 뒤 열기를 충분히 식힌 다음 밀폐 용기에 담는다.
5 특별한 조리 과정 없이 간식으로 먹는다.

Tip 쫄깃한 식감을 즐기려면 약간 덜 말리고, 바삭함을 즐기려면 완전히 말린다.

살구

제철 시기 & 고르기

6~7월. 잘 익어 노르스름한 것이 맛이 달고 향기롭다. 수확한 뒤에는 바로 물러지므로 만졌을 때 단단한 것을 골라 1~2일 실온에 두었다가 먹는다.

주요 영양소

비타민 A·C, 칼슘, 칼륨, 인이 풍부하며, 달콤한 맛에 비해 칼로리는 낮다. 항산화제인 베타카로틴과 리코펜이 풍부하여 피부와 폐가 산화되어 손상되는 것을 예방하고, 동맥에 지방 찌꺼기가 쌓이는 것을 막아 준다. 항산화 성분으로 인한 항암 작용 또한 매우 큰 것으로 알려져 있다. 대장을 깨끗하게 청소해 주는 식품으로, 기미나 주근깨가 있는 사람이 먹으면 효과를 볼 수 있다. 씨에는 아미그달린 성분이 3% 정도 들어 있어서 기침을 멎게 하고 가래를 삭이는 데 효과가 있다.

보관하기

깨끗이 씻어서 물기를 제거하고 밀폐 용기나 지퍼백에 담아 냉동실에 넣어 얼린다. 얼린 살구를 실온에서 녹이면 계절과 상관 없이 신선하게 먹을 수 있다.

> **Tip 살구 제대로 알기**
> 살구의 베타카로틴은 말렸을 때 효능이 커지므로 날것으로 먹기보다는 말려서 먹는 것이 좋다. 살구를 씻을 때는 꼭지를 떼지 않고 씻는다. 과육과 씨가 분리되어 속에 빈 공간이 있기 때문에 꼭지를 떼고 씻으면 물이 들어가 안에서부터 썩기 시작한다.

말린 살구에 들어 있는 철분은
헤모글로빈을 생성하여 빈혈을 개선해 준다.
근심과 불면증이 있을 때 살구를 먹으면
어느 정도 해소된다. 중국에서는 수천 년간
민간 약재로 이용되어 왔다.

말린살구

재료

살구 200g, 물 3컵, 식초 1큰술

만드는 법

1 살구를 깨끗이 씻어서 식초를 넣은 물에 20분 정도 담갔다가 씻는다.

2 가운데 씨를 뺀 뒤 0.5㎝ 정도 두께로 잘라 건조대에 놓는다.

3 열기를 충분히 식힌 다음 밀폐 용기에 담는다.

Tip 살구는 복숭아와 마찬가지로 흡연자들에게 특히 좋은 과일이다. 베타카로틴이 풍부하여 폐암·
후두암·췌장암 등 담배로 인해 생기는 암을 예방한다.

말린살구주스

재료

건살구 100g, 건포도 50g, 설탕 1/2컵,
통계피 20g, 물 4컵

만드는 법

1 건살구와 건포도를 끓는 물에 넣었다가 바로 건져 체에 밭친다.

2 냄비에 물, 설탕, 통계피를 넣고 5분 정도 끓인다.

3 ②를 식혀서 살짝 데친 건살구와 건포도를 넣고 냉장고에 두고 차게 마신다.

Tip 살구는 아폴로 13호의 우주 비행사들이 우주로 향할 때 싣고 간 과일이다. 살구는 비타민
A와 C, 칼륨이 풍부하므로 무중력 상태에서 심장의 건강을 유지할 것으로 여겼기 때문이
다. 유기산이 풍부하여 상큼한 맛이 나는 살구는 피로 해소에도 탁월한 효과를 보인다. 살
구는 싱싱한 것보다 말린 것을 먹는 것이 영양 섭취를 하는 데 더욱 효과적이다.

오렌지

제철 시기 & 고르기

둥근 모양으로 껍질에 윤기가 돌며, 우둘투둘할수록 좋고, 들었을 때 묵직한 것으로 고른다. 겉껍질의 오렌지색이 짙고 선명한 것을 고른다.

주요 영양소

중국과 인도가 원산지로, 서구의 대표적인 감귤류이다. 대표적으로 발렌시아 오렌지와 네이블 오렌지가 있다. 비타민 C의 몸속 흡수를 돕고 혈관의 저항력은 높여 주는 플라보노이드가 풍부하다. 항산화제인 베타카로틴과 칼륨, 칼슘 등이 풍부하여 피로 해소에 도움이 되고, 피부 미용, 몸속 노폐물 배출 효과가 있다.

보관하기

겨울에는 서늘하고 어두운 곳에 두고, 여름에는 비닐봉지에 담아 냉장고의 채소실에 보관한다.

Tip 오렌지 제대로 알기

비타민과 미네랄이 풍부한 반면 칼로리가 낮아 다이어트에 좋고, 잼이나 과자, 케이크를 만들 때 사용한다.

오렌지에는 항산화제인 헤스페리딘(hesperidin)이 들어 있어 건강한 HDL 콜레스테롤치를 높여 주고 좋지

않은 LDL 콜레스테롤치를 낮추어 준다. 또한 항암 효과가 있는 리모넨(limonene) 성분은 천연당을 공급하여

원기를 북돋아 주고 몸의 대사 과정이 원활하지 못해 생기는 불필요한 지방 덩어리인 셀룰라이트를

감소시키는 효과가 있다.

오렌지마말레이드

재료

오렌지 2개, 레몬즙 1/2개분, 황설탕 300g

만드는 법

1 오렌지를 소금에 문질러 씻어 뜨거운 물에 헹군다.
2 ①을 4등분하여 과육과 껍질을 분리한 뒤 껍질에서 다시 흰 속껍질을 발라낸다.
3 겉껍질은 물에 10분 정도 담가 쓴맛을 없앤 뒤 곱게 채 썬다.
4 속껍질과 과육은 믹서에 간다.
5 냄비에 ③과 ④, 황설탕을 넣고 중간불에서 저어 가며 끓인다.
6 부글부글 끓으면 불을 중간이나 약하게 줄이고 걸쭉해지면 레몬즙을 넣은 뒤 좀 더 끓인다.
7 거품을 걷어 내고 2분 정도 끓여 완성한다.

오렌지홍차

재료

오렌지 2개, 레몬즙 1/2개분, 황설탕 300g

만드는 법

1 오렌지는 소금에 문질러 씻어 뜨거운 물에 살짝 굴리듯 하여 농약이나 방부제를 없앤다.
2 사과는 베이킹 소다로 깨끗이 문질러 씻은 뒤 흐르는 물에 헹군다.
3 사과의 꼭지 부분을 도려낸 뒤 0.5㎝ 정도 두께의 동그란 원으로 썬다.
4 ③의 사과에 갈변 방지를 위해 사과 위에 레몬즙을 붓으로 바른다.
5 오렌지는 껍질을 벗기고 0.5㎝ 정도 두께의 동그란 원으로 썬다.
6 ④의 사과와 ⑤의 오렌지를 건조기에서 충분히 말린다.
7 찻잔에 말린 오렌지와 사과를 넣고 우려낸 홍차를 붓는다.

Tip 과일은 말리는 과정에서 단맛이 강해지고 비타민 함량이 높아지지만 칼로리 높은 당분이 포함되어 있으므로 다이어트 중이거나 당뇨가 있는 사람은 섭취량을 조절해야 한다. 향을 즐기려면 뜨거운 물에 띄워 식전에 마시면 좋다.

키위

제철 시기 & 고르기

5~11월. 키위는 수확한 뒤에도 호흡을 계속하며 익는 '후숙(後熟)' 과일이다. 시간이 지날수록 신맛이 약해지고 달콤해진다. 신맛을 좋아하면 약간 단단한 것을, 달콤한 맛을 좋아하면 말랑말랑한 것을 고른다.

주요 영양소

날것으로 먹는 과일 가운데 식이 섬유가 가장 많이 들어 있다. 키위 100g에 들어 있는 식이 섬유의 양은 2.5g으로 사과의 3배, 바나나의 2배, 감귤의 2.5배다. 이렇게 풍부한 식이 섬유 덕분에 대장암은 물론 변비 예방, 다이어트에 효과가 뛰어나다. 노화의 원인인 활성산소를 없애는 비타민 C·E, 엽산·마그네슘·칼륨 등의 영양소가 풍부하며, 면역력을 올려 주는 항산화 파이토케미컬이 들어 있다. 평소 위산이 부족하거나 소화력이 약한 사람에게도 도움이 된다.

보관하기

익지 않은 것은 실온에 두고, 숙성된 것은 비닐봉지에 넣어 채소실에 보관해도 된다. 냉장고에 넣어 두었다가 가운데를 잘라 찻숟가락으로 떠 먹으면 맛있다.

> **Tip 키위 제대로 알기**
>
> 키위를 빨리 숙성시키고 싶으면 사과와 함께 비닐봉지에 넣어 두면 익은 사과에서 나오는 에틸렌 가스가 키위를 빨리 익게 만든다. 키위의 엑티니딘 효소는 단백질 분해해 소화 흡수를 돕기 때문에 고기를 연하게 해 준다.

키위에 들어 있는 루테인(lutein) 성분은 안구 속으로 들어온 빛 중에서 유해한 가시광선을 흡수하고
항산화 작용으로 망막을 보호한다. 또한 루테인 성분은 비타민 C·E와 작용하여 혈중 지방을 감소시키고
혈액 응고를 예방한다.

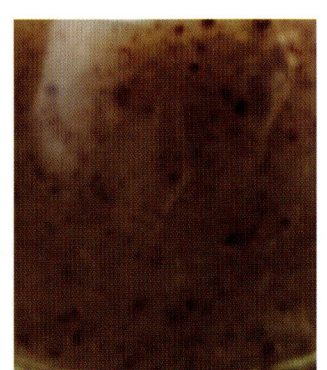

키위잼

재료

키위 10개, 황설탕 1/3컵, 레몬 1/2개

만드는 법

1 키위는 말랑말랑한 것으로 준비하여 껍질을 벗긴 뒤 굵직하게 다진다.

2 냄비에 다진 키위와 황설탕을 넣고 중간불에서 저어 가며 끓인다.

3 부글부글 끓으면 불을 중간이나 약하게 줄이고, 걸쭉해지면 레몬즙을 넣은 뒤 좀 더 끓인다.

Tip 새콤달콤한 키위잼이 담백한 식빵의 맛을 보완해 준다. 키위를 날것 그대로 먹을 때는 반으로 갈라 숟가락으로 떠먹는 것이 좋다. 모든 과일은 껍질과 과육 사이에 영양소가 많이 고여 있으므로 껍질 가까이에 있는 과육을 알뜰히 긁어 먹자. *잼이 알맞게 조려졌는지 확인하려면 컵 테스트를 한다. 컵에 차가운 물을 담아 잼을 떨어뜨렸을 때 잼이 똑 떨어져 가라앉으면 완성된 것이다. 스푼 테스트도 할 수 있는데 스푼에서 잼을 흘려 보았을 때 주르륵 흘러내리면 덜 된 것이고, 잼이 스푼에 일부 붙어서 끝이 끊어져 똑똑 떨어지면 완성된 것이다.

키위칩

재료

키위 3개, 꿀 적당량

만드는 법

1 키위는 깨끗이 씻어서 껍질째 0.5cm 두께로 동그랗게 썬다.

2 자른 키위에 꿀을 발라 건조기에 넣고 말린다.

3 다 말랐으면 충분히 열기를 식힌 뒤에 밀폐 용기에 담는다.

Tip 새콤달콤 씨가 씹히면서 입 안에 침이 고여 식욕을 돋운다. 신맛을 좋아하면 그대로 말리거나 160℃로 예열한 오븐에 굽기도 한다.

파인애플

제철 시기 & 고르기

사계절. 향이 좋고 아랫부분이 통통하게 생긴 것으로 고른다. 수확한 것은 더 이상 익지 않는다. 크라운의 색깔이 신선한 녹색을 띠고 잎이 작고 단단한 것으로, 밑 부분부터 1/3 정도가 누렇게 된 것이 가장 적당히 익은 것이다.

주요 영양소

파인애플의 영양은 주로 과당과 포도당 등의 당질이며 100g에 86kcal의 에너지를 낸다. 구연산·사과산·비타민 B_1·미네랄이 풍부하여 피로 해소·감기 예방·소화 촉진·혈전 억제·갈증 해소의 효능이 있다. 혈액의 점도를 낮추어 뇌혈관 질환에 좋은 식품이다. 또한 단백질 분해 효소인 브로멜라인(bromelain)이 풍부하여 관절의 염증 치료에 효과가 있고, 고기·생선·치즈를 먹을 때 함께 먹으면 소화가 잘된다.

보관하기

크라운을 2~3cm 정도 남기고 잘라 낸 뒤 냉장고 채소실에 넣어 두면 1~2주일가량 보관할 수 있다. 당분이 아래쪽에 몰려 있으므로 보관할 때는 거꾸로 세워 놓는다. 말려서 간식으로 먹거나, 주스·잼·술·식초 등으로 다양하게 이용한다.

Tip **파인애플 제대로 알기**

파인애플은 나무가 아닌 초본 식물의 열매로, 여러 개의 꽃이 동시에 변형되어 형성된 과일이다. 잣나무의 솔방울 같고 사과처럼 달콤하다 하여 파인애플이라고 불리게 되었다.

파인애플에 들어 있는 단백질 가수분해효소인 브로멜라인은 각종 감염 요인의 활동을 억제하여 부비강염·
류머티즘성 관절염·통풍 등의 증상을 완화하고 상처를 낫게 하여 수술 후 회복을 빠르게 하는 효과가 있다.

파인애플요거트

재료

플레인 요거트 2개, 파인애플 외 말린 과일 1컵, 슬라이스 아몬드 1큰술, 푸레이크 2큰술, 꿀 2작은술

만드는 법

1 그릇에 플레인 요거트를 붓는다.
2 파인애플과 말린 과일, 슬라이스 아몬드, 푸레이크를 올린다.
3 꿀을 뿌린다.

Tip 플레인 요거트에 말린 과일과 견과를 첨가하면 맛과 영양이 풍부해진다. 요구르트는 우리 몸의 장 속 산성도를 높여 유해균의 활동을 억제하고, 독소 배출과 변비에도 좋은 음식이다.

파인애플스낵

재료

파인애플 1개, 복숭아 통조림 1통

만드는 법

1 파인애플은 씻어서 껍질을 벗겨 작게 자른다.
2 복숭아 통조림은 캔 뚜껑을 따서 국물을 따라 놓고 복숭아를 큼직하게 자른다.
3 파인애플과 복숭아를 넣고 ②의 국물을 조금씩 부어 가며 되직하게 간다.
4 건조기의 투명 플라스틱 판에 랩을 깔고 부은 뒤 편편하게 펴서 말린다.

Tip 계절별로 과일을 취향대로 섞어서 갈아 말린 것으로, 쫄깃쫄깃 질긴 느낌의 씹히는 조직감
이 좋은 과일 스낵이다. ＊파인애플이 귀할 때는 통조림을 이용할 수 있는데, 통조림에 든
것을 말리면 오렌지색에 가깝고, 설탕 절임을 한 것이라 정과 맛을 느낄 수 있다. ＊가공하
지 않은 날것 그대로의 파인애플을 말리면 노란색이 나며 섬유질의 식감이 좋다.

포도

제철 시기 & 고르기

8~9월. 포도송이가 고루 색깔을 띠고 포도 알이 단단하게 달려 있는 것이 싱싱하다. 싱싱한 포도는 표면에 하얀 당분이 묻어 있는데, 좋은 포도일수록 신맛이 적고 단맛이 강하다.

주요 영양소

주성분은 당질로, 포도당과 과당이 많다. 쉽게 소화 흡수되며 뇌의 작용을 활발하게 하는 효과가 있어, 먹으면 머리가 맑아지고 집중력을 높일 수 있다. 포도에는 페놀류와 탄닌이 많아 암세포 증식을 억제하고 충치를 예방한다. 포도의 껍질과 씨에 풍부한 레스베라톨 성분이 혈중 콜레스테롤 수치를 떨어뜨리고 생활습관병을 예방하며 노화를 억제한다. 작은 송이로 잘라 식촛물에 5분 정도 담가 두었다가 흐르는 물에 헹구어 껍질째 먹는 것이 좋다.

보관하기

실온에서 2~3일 정도 보관이 가능하다. 오래 보관하려면 한 번 먹을 만큼씩 송이를 나눠 종이에 감싼 뒤 냉장고 채소실에 넣어 둔다.

Tip 포도 제대로 알기

포도의 주성분인 포도당은 흡수율이 좋아 먹으면 바로 갈증과 피로가 해소된다. 약을 먹을 때도 물 대신 포도 주스를 마시면 약의 몸속 흡수를 돕고 약리 효과를 높여 준다.

검은 포도에 들어 있는 퀘르세틴(quercetin)이라는 화학 물질은 염증을 가라앉히고 심혈관계의 작용을 도우며 소화 흡수를 촉진하는 작용을 한다. 건포도는 식이 섬유가 풍부하고 칼로리가 높으며 철분·칼륨·셀레늄·아연 등의 미네랄이 풍부한 고농축 영양제이다. 이 가운데 셀레늄은 노화를 방지하고 심장 질환을 예방하고 면역 체계를 강화해 주는 중요 영양소이다.

건포도우유

재료

건포도 20g, 우유 150㎖

만드는 법

1 건포도와 우유를 믹서에 넣고 곱게 갈아서 마신다.

Tip 비교적 알이 작으면서 씨가 없고, 산도가 낮은 포도를 따서 그대로 햇빛에 말리거나 알칼리액 에 담갔다가 건져서 말리는 건포도는 흡습성이 강하므로 건조한 곳에 보관해야 한다.

과일초콜릿비스킷

재료

화이트 초콜릿바 1/2팩, 다크 초콜릿바 1/2팩, 버터 1작은술, 말린 과일 1컵, 견과 1컵, 비스킷 1통

만드는 법

1 초콜릿은 잘게 부수어 스테인레스 볼에 담아 중탕으로 녹인다.

2 ①에 버터를 넣어 섞는다.

3 비스킷에 ②를 한 숟가락씩 올려 펴 바른다.

4 굳기 전에 말린 과일과 견과로 장식한다.

Tip 말린 과일을 활용한 간식이다. 과일과 견과의 종류에 따라 맛이 다양해지는 장점이 있다.

채
소

가
지

제철 시기 & 고르기

7~9월. 표면이 짙은 보라색을 띠고 윤기가 나며 흠집이 없는 것을 고른다. 꼭지가
마르지 않고 꼭지 부분의 가시가 날카로운 것이 싱싱하다.

주요 영양소

가지는 우리 식탁에 없어서는 안 될 친근한 반찬거리이다. 가지의 보라색을 내는 안
토시아닌 성분은 항산화제 역할을 하므로 꾸준히 먹으면 노화를 방지하고, 암과 생
활습관병을 예방하는 데 도움을 준다. 영양가는 비교적 높지 않은 편이다. 조직이 스
폰지 상태여서 기름을 잘 흡수하므로 식물성 기름인 들기름을 써서 요리하면 리놀
레산과 비타민 E를 더 많이 섭취할 수 있다. 특히 고지방 식품을 먹을 때 함께 먹으
면 좋다.

보관하기

잎과 꼭지를 떼내지 말고 물기 없이 랩으로 싸거나 비닐봉지에 넣어 수분이 날아가지
않게 하여 냉장 보관한다. 냉장고에 들어가면 실온에 보관할 때보다 맛이 떨어진다.

Tip 가지 제대로 알기

껍질째 먹는 식품이라서 농약이 걱정된다면 식초를 탄 물에 씻으면 안심할 수 있다. 자른 뒤에는 바로 소
금물에 담가야 갈변을 막을 수 있다.

보라색이 아름다워서 컬러 푸드의 대표격인 가지는 수분이 많고 특별한 영양이 없이 미각용 채소로 알려져

왔지만 보라색 색소인 안토시아닌의 노화 방지와 암 예방 효과는 채소 가운데 으뜸이다.

가지오가리나물

재료

가지오가리 100g, 다진 돼지고기 100g, 식용유 적당량, 참기름 1작은술, 깨소금 1큰술, 실고추·실파 약간씩

만드는 법

1 가지오가리는 충분히 잠길 정도의 물에 담가 하룻밤 정도 충분히 불린다.

2 ①의 가지를 결을 살려서 먹기 좋게 썰어 양념에 조물조물 무친다.

3 다진 돼지고기를 양념에 골고루 무친다.

4 팬에 기름을 두르고 달군 뒤 가지오가리를 넣어 재빨리 볶는다. 가지에 기름이 돌면 팬 한쪽으로 밀어 놓고 양념한 돼지고기를 넣어 볶는다. 고기가 익으면 가지와 한데 섞어 깨소금·참기름·실고추·실파를 넣어 버무린다.

Tip 말린 가지는 부드러우면서 꼬득꼬득한 씹힘성이 좋은 식재료이다. 가지는 기름을 잘 흡수하므로 식물성 기름으로 조리하면 불포화지방산과 비타민 E 등을 보충할 수 있다.

가지두부볶음

재료

마른 가지 50g, 다진 돼지고기 150g, 두부 1모, 풋고추·붉은고추 1개씩, 대파 30g, 마늘 1쪽, 소금 1작은술(두부 데침용)
*양념 : 간장 0.5큰술, 청주 1큰술, 두반장 2.5큰술, 설탕 2/3큰술, 식용유 1큰술, 고추기름 0.5큰술, 물 1컵, 물녹말(물 1큰술 : 녹말 1큰술) 적당량, 참기름·후춧가루 적당량

만드는 법

1 마른 가지는 물에 살짝 씻어 1시간 정도 물에 불려서 잘게 썬다.
2 두부는 사방 1.5㎝ 크기로 잘라 끓는 물에 소금 1작은술을 넣고 데친다.
3 풋고추와 붉은 고추는 털어 내고 굵게 다져 놓는다. 대파와 마늘도 굵게 다진다.
4 팬에 식용유와 고추기름을 두르고 마늘과 대파를 볶으면서 간장과 청주를 넣는다.
5 ④에 돼지고기를 넣어 볶으면서 가지를 넣고 나서 양념한다.
6 물을 넣고 끓으면 두부를 넣어 양념을 잘 섞은 뒤에 고추를 넣는다.
7 끓으면 물녹말을 넣어 농도를 맞춘 뒤 불을 끄고 참기름을 넣는다.

Tip 가지를 말릴 때에도 신선한 가지를 말려야 맛이 좋다. 꼭지가 마르지 않고 가시가 날카로운 것이 싱싱하다.

감자

제철 시기 & 고르기

7~8월. 껍질이 얇고 단단하며 눈 자국이 깊지 않은 것, 울퉁불퉁하지 않고 둥근 것을 고른다. 껍질이 녹색을 띠는 것은 아린맛이 강하므로 피한다.

주요 영양소

감자처럼 흔하고 값이 싸고 언제 어디서나 구할 수 있는 채소도 드물 것이다. 감자는 철분·칼륨·마그네슘 등의 무기질, 탄수화물, 비타민 C·비타민 B 복합체가 골고루 들어 있어 감자를 많이 먹는 나라에는 영양 결핍증 환자가 드물고 장수자가 많다. 감자에는 특히 풍부한 칼륨은 체내에 있는 여분의 나트륨을 배출하는 작용을 하므로 고혈압의 예방과 치료에 효과가 있다. 섬유질 또한 풍부하여 장 건강에 도움이 된다.

보관하기

감자를 보관할 때 사과 1~2개를 함께 넣어 두면 사과 효소의 영향으로 감자 싹이 잘 나지 않는다. 감자는 종이봉지나 바구니에 담아서 어둡고 바람이 잘 통하는 그늘에 둔다. 습기가 남아 있으면 썩기 쉬우므로 건조하게 보관한다.

Tip 감자 제대로 알기

감자의 비타민 C는 전분으로 둘러싸여 있어 열을 가해도 잘 파괴되지 않는다. 따라서 과일이나 채소의 비타민과 달리 익혀서 먹어도 충분히 섭취할 수 있다.

감자 껍질에는 항암 작용을 하는
클로로겐산(chlorogenic acid)이 풍부하다.
감자에 들어 있는 비타민 B6는 면역력
증강 아미노산을 만드는 데 도움이 된다.
이 비타민 B6는 불필요한 세포를 청소하는
식세포 활동에 꼭 필요한 물질이다.

감자칩카나페

재료

감자칩 1컵, 참치 통조림(작은 것) 1
통, 다진 양파 1/2큰술, 피클 1/2개,
다진 청·홍피망 1큰술씩, 올리브유
1큰술, 머스터드 1작은술, 다진 파슬
리 1/2큰술, 소금·후춧가루 약간씩

만드는 법

1 참치는 기름을 뺀 뒤 숟가락으로 곱게 부순다.

2 감자칩은 130℃ 정도에서 기름에서 가볍게 튀겨 내어 기름을 뺀다.

3 볼에 ①의 참치를 담고 올리브유로 버무린 뒤 양파·피클·피망을 섞은 뒤 나머지 양념을 넣어 골
고루 섞는다.

4 ②의 감자칩 위에 ③을 한 숟가락씩 떠서 올린다.

Tip 단맛이 적은 담백한 크래커나 식빵을 먹기 좋은 크기로 썰어 대신 사용해도 된다.

감자칩

재료

감자 2개, 올리브유 2큰술, 소금 약간

만드는 법

1 감자는 껍질을 벗긴 뒤 최대한 얇게 자른다.
2 ①의 감자를 물에 여러 번 씻어 녹말기를 뺀 뒤 물기를 제거한다.
3 ②를 건조기 선반에 올려놓고 앞뒤로 올리브유를 바른 뒤 소금을 뿌려 말린다.

Tip 칼로리가 걱정된다면 건조기나 오븐, 채반에 말려서 간식으로 먹을 수 있다. 말리기 전에 소
금으로 간을 해야 맛이 좋다.

고구마

제철 시기 & 고르기

8~10월. 갓 캐낸 고구마 껍질은 선명한 붉은 색이며 익히며 속살이 노랗고 맛있다. 대개 길쭉한 것은 섬유질이 많아 말랑말랑하고 달착지근하며, 동글동글한 것은 전분이 많아 밤맛이 난다.

주요 영양소

고구마는 혈압 저하 효과, 쾌변 효과가 있으며, 베타카로틴의 영향으로 암세포의 증식을 억제한다. 최고의 항암 식품으로 발암 억제율은 최대 98.7%다. 고구마 껍질의 보랏빛 색소에는 젊어지게 하는 항산화 성분인 폴리페놀 화합물이 노란 속살보다 훨씬 더 많이 들어 있다. 껍질째 먹는 것이 효과적이고, 수용성이므로 튀기기보다는 쪄서 먹는 것이 좋다.

보관하기

고구마는 추위에 약한 채소이므로 보관할 때는 냉장고에 넣지 않는다. 1~2개 정도라면 신문지에 싸서 15℃ 정도 되는 실온에 두었다가 사용한다.

> **Tip** 고구마 제대로 알기
>
> 고구마는 김치와 함께 먹는다. 고구마의 풍부한 칼륨이 김치에 들어 있는 나트륨 배설을 촉진하여 혈압을 내리게 한다. 포만감이 커서 다이어트에 효과적이지만 열량이 높은 편이라 하루 1~2개만 먹는 것이 좋다.

고구마에는 중요한 항산화 비타민 세 가지가
들어 있다. 몸속에서 비타민 A로 전환되는
베타카로틴, 비타민 C, 비타민 E가 그것이다.
베타카로틴은 자궁암 발병 위험을 낮추어
주고, 비타민 C는 폐에 작용하여 호흡기
질환을 예방해 준다.

고구마부각

재료

고구마 1개, 물 2컵, 설탕 3큰술.
식용유 적당량

만드는 법

1 고구마를 껍질째 씻어 0.2cm 두께로 동그랗게 자른다.
2 ①의 고구마를 물에 여러 번 헹구어 녹말기를 뺀다.
3 냄비에 물과 설탕을 넣고 2분 정도 두어 반쯤 익힌다.
4 ③의 고구마의 물기를 제거하고 건조기 선반에 겹치지 않게 펼쳐서 말린다.
5 말린 고구마를 160℃ 튀김용 기름에 노랗게 튀겨 낸다.

Tip 튀긴 부각은 바로 먹어야 바삭한 식감을 즐길 수 있다. 칼로리가 염려되면 튀기지 않고 그대로
먹어도 좋다. 약간 덜 말려서 쫄깃한 간식으로 먹거나, 밥이나 떡, 쿠키에 넣어도 좋다.

고구마칩

재료

고구마 2개

만드는 법

1 고구마를 껍질째 씻어 0.2cm 두께로 동그랗게 자른다.
2 ①의 고구마를 물에 여러 번 헹구어 녹말기를 빼고 물기를 없앤다.
3 건조기에 겹치지 않게 펼쳐 놓고 건조시킨다.

Tip 고구마의 비타민 C는 열에 강하므로 가열해도 파괴되지 않는다. 꿀이나 올리
고당을 발라서 말리면 달콤함을 즐길 수 있다. 채반에 펼쳐서 통풍이 잘되는
곳에 놓고 한쪽이 마르면 뒤집어 주면서 말린다.

고추

제철 시기 & 고르기

7~10월. 말린 고추는 빛깔이 선명한 붉은 빛을 띠고, 광택이 나며 껍질이 두텁고 달그락 소리가 나도록 잘 마른 태양초를 고른다. 햇볕에 말린 것을 '태양초'라 하고 건조기에 말린 것을 '화건'이라 하는데, 태양초가 매운맛이 더하고 빛깔도 좋다.

주요 영양소

영양가가 풍부하여 비타민 C는 사과의 40배, 귤의 2배에 이르고, 비타민 A는 저항력을 키워 준다. 고추가 매운 것은 '캡사이신'이라는 휘발성 성분 때문이다. 캡사이신은 고추씨 흰 부분에 들어 있는데, 이것이 혈액 순환을 도울 뿐 아니라 위액 분비를 촉진하여 식욕을 좋게 한다. 또한 몸속 지방을 태워 다이어트 식품으로 인기가 있으나, 지나치게 섭취하면 점막이 충혈되어 도리어 해를 끼치게 된다.

보관하기

신문지나 비닐봉지에 싸서 냉장 보관한다. 가운데 씨를 빼면 더 오래 보관할 수 있다.

Tip 고추 제대로 알기

캡사이신은 암세포만 죽게 하고 주변의 다른 정상 세포에는 해를 미치지 않는다. 또한 근육 뒤틀림이나 마른버짐 등을 치료하는 데도 쓰이므로 피부암 국소 치료제로도 이용 가능하다. 현재 암에 걸렸거나 발병 확률이 높은 사람들은 치료나 예방을 위해 어느 정도 매운 음식을 먹는 것이 좋다.

고추는 맵고 자극적인 양념 채소로, 호흡기 질환과 감기에 효과가 있다. 붉은 고추에는 베타카로틴이 풍부하여 암과 노화를 예방하는 효과가 있다.

고추부각

재료

풋고추 20개, 찹쌀 풀 1/2컵, 물 1컵, 소금 1작은술

만드는 법

1 고추는 꼭지를 잘라 내고 길이대로 반을 갈라 씨를 털어 내고 씻어서 물기를 뺀다.

2 김 오른 찜통에 고추를 살짝 쪄 낸다.

3 냄비에 찹쌀가루와 물을 넣고 잘 섞은 뒤 불에 올려 바닥이 눋지 않도록 저어 주면서 끓인 뒤 소금으로 간하여 차게 식힌다.

4 ②의 고추에 ③의 찹쌀 풀을 고루 바르고 통깨를 뿌린다.

5 ④를 채반에 널어 햇볕에 말린 뒤 밀폐 용기에 담아 냉동 보관한다.

6 먹을 때마다 기름에 튀겨서 상에 낸다.

Tip 재료의 수분을 바짝 말려서 건조하게 보관하는 것이 바삭바삭하고 맛있는 부각의 비법이다.

고춧가루

재료

붉은 고추 10개

만드는 법

1 붉은 고추를 씻어 세로로 길게 잘라 씨를 털어 내고 물에 헹구어 물기를 닦는다.
2 ①의 고추를 겹치지 않게 선반에 올려서 건조기에 말린다.
3 바싹 마른 고추를 식혀서 분쇄기로 갈아 가루로 만든다.

Tip 고추씨도 모아 면보를 깔고 말려 가루를 내어 국이나 찌개 끓일 때 넣는다. 고추씨에 많이
들어 있는 비타민 A 등을 보충할 수 있고, 구수하고 얼큰한 맛을 내는 데 일품이다.

고춧잎

제철 시기 & 고르기

10~11월. 생고춧잎은 줄기가 뻣뻣한 것이 많지 않고 잎이 싱싱한 것을 고른다. 말린 고춧잎은 검은색에 가까운 녹색으로, 부서지지 않고 바싹 잘 마른 것이 좋다.

주요 영양소

고춧잎은 고추보다 영양 성분이 훨씬 많은 영양 덩어리이다. 고추 농사를 마무리하고 서리 내리기 전에 고춧잎을 따서 갈무리하여 보관하면 다음해까지 요긴한 반찬거리가 된다. 고춧잎은 뼈에 좋은 칼슘, 혈압을 낮추는 칼륨, 비타민 A·C·D 등이 풍부하여 춘곤증을 예방하고 피부 미용에도 좋으며 면역력을 높여 준다. 또 뼈와 이를 튼튼하게 하고 노화를 방지한다.

보관하기

바싹 말린 것은 부서지기 쉬우니 유리병이나 투명한 비닐봉지에 담아 보관한다. 습기가 없고 서늘한 곳에 둔다.

Tip **고춧잎 제대로 알기**

미지근한 물에 불리거나 푹 삶아 그물에 담근 채로 식힌 뒤 찬물에 여러 번 헹구어 쓴맛, 아린맛 등 나물 특유의 맛을 우려내고 조리한다.

고춧잎에 풍부한 비타민과 엽산은 자궁 내 발생할 수 있는 염증을 억제하는 작용을 하므로 여성에게 큰 도움이 되는 채소이다.

고춧잎장아찌

재료

고춧잎 600g, 무 150g, 참기름·통깨·설탕·물엿 1큰술씩
*양념장 : 간장 1컵, 설탕 2큰술, 마늘채·생강채 1큰술씩

만드는 법

1 고춧잎은 작은 고추가 달린 채로 손질하여 끓는 물에 소금을 조금 넣고 데쳐서 찬물에 헹궈 물기를 꼭 짠 뒤 채반에 펴 꾸덕꾸덕하게 말린다.
2 무는 길이 4㎝, 폭 1㎝ 크기로 썰어 소금과 탕으로 간하여 채반에 펴 말린다.
3 양념 재료를 한데 섞어 끓여 양념장을 만든다.
4 준비한 양념장을 식혀 말린 고춧잎과 무를 넣어 버무린다.
5 항아리에 양념한 고춧잎을 넣고 꼭꼭 누른 뒤 돌로 눌러 놓는다.
6 1주일 정도 지나면 장물을 따라내어 끓여서 식혀 다시 붓는다.
7 먹을 때 참기름과 깨를 넣고 무쳐서 먹는다.

Tip 고춧잎은 연한 잎과 줄기를 훑어서 쓴다. 서리 내린 뒤에 딴 것은 쓴맛이 있으므로 소금물에 담가 1주일 정도 삭힌다.

고춧잎장떡

재료

말린 고춧잎 30g, 찹쌀가루·밀가루 각 1컵, 풋고추 4개, 홍고추 1개, 대파 1뿌리, 고춧가루 1큰술, 된장 2작은술, 고춧가루 약간, 식용유 적당량

만드는 법

1 말린 고춧잎은 미지근한 물에 불려서 끓는 물에 살짝 데쳐 내어 찬물에 헹구어 물기를 꼭 짠다.
2 뻣뻣한 줄기는 떼어 낸다.
3 밀가루와 찹쌀가루를 섞어 놓는다.
4 고추는 길이대로 반 갈라서 씨를 뺀 다음 가늘게 채 썰어 넣는다.
5 된장과 고춧가루를 넣고 양념과 물을 넣어 반죽을 만든다.
6 달군 팬에 기름을 두르고 반죽을 한 숟가락씩 떠 넣고 얇게 지진다.

Tip 고춧가루 대신 고추장을 섞어서 간을 해도 맛이 있다. 그런데 집에서 직접 담근 고추장이 아닌 시중에서 판매하는 고추장을 넣으면 반죽이 삭는 경우도 있다. 고추장으로 간을 했다면 반죽한 즉시 전을 부쳐 먹는 것이 좋다.

당근

제철 시기 & 고르기

9~12월. 빛깔이 선명하고 껍질이 매끌매끌하고 손으로 잡았을 때 묵직한 느낌을 주는 것이 좋다. 지나치게 큰 것은 섬유질이 억세므로 피한다. 검은 흙이 묻어 있는 것이 신선하고 맛도 좋다. 깨끗하게 씻겨져 봉지에 담긴 것은 중국산인 경우가 많다.

주요 영양소

동물의 간과 맞먹는 비타민 A의 공급원으로 '비타민 A의 보고(寶庫)'라고 부른다. 당근 1/3개를 먹으면 하루의 비타민 A 필요량을 충분히 섭취할 정도이다. 카로틴 이외에도 철분·칼슘·칼륨 등이 균형 있게 들어 있어 미국 NCI(국립암센터)에서도 당근을 고구마, 호박과 함께 폐암을 예방하는 식품으로 권장한다.

보관하기

저장성이 좋은 식품이나 흠집이 있거나 물기가 있으면 썩기 쉽다. 흙이 묻어 있는 채로 신문지에 돌돌 말아 햇볕이 들지 않는 서늘한 곳에서 보관한다.

Tip 당근 제대로 알기

당근의 주홍색은 베타카로틴이라는 성분 때문이다. 껍질에 풍부하므로 되도록 껍질을 벗기지 않거나 얇게 벗겨 기름으로 조리하면 흡수율이 더욱 높아진다.

당근은 우리 몸의 강력한 해독 기관인 간을 깨끗하게
해 주는 해독 효과가 뛰어나다. 혈당 수치를 안정시키는
크롬(Chrom)이 들어 있어 당분 섭취 욕구를 줄여
주므로 당뇨 환자에게 도움이 된다.

당근칩

재료

당근 5개

만드는 법

1 당근은 동그랗게 0.5㎝ 두께로 자른다.

2 끓는 물에 소금을 넣고 살짝 데쳐서 건져 낸다. 찬물에 헹구지 않는다.

3 데친 당근을 채반에 펼쳐 놓고 말리거나 건조기에 말려서 보관한다.

4 먹을 때마다 튀겨서 소금이나 설탕을 살짝 뿌려 먹는다.

Tip 당근에 풍부한 비타민 A는 기름을 사용할 때 흡수가 더 잘된다.

당근부각

재료

당근 1개, 꿀 적당량

만드는 법

1 당근은 껍질째 깨끗이 씻어 0.2~0.3㎝ 두께로 둥글게 자른다.

2 당근에 꿀을 발라 건조기에 넣는다.

3 마른 당근을 완전히 식혀서 밀폐 용기에 보관한다.

Tip 일반적으로 아이들은 당근을 좋아하지 않지만 당근칩은 간식으로 즐길 수 있다. 단맛이 부담된다면 꿀을 바르지 않고 그대로 말려서 먹어도 좋은 건강 간식이다. ＊당근칩은 그대로 요리에 활용할 수 있다.

마늘

제철 시기 & 고르기

여름에 구입하여 다음 해 마늘이 날 때까지 두고두고 먹는다. 겉껍질이 얇고 불그스름한 빛이 돌며 잘 마른 것을 고른다. 크기와 모양이 균일한 육쪽으로 단단해 보이는 것이 좋다.

주요 영양소

마늘이 가진 특별한 효능은 알리신과 스코르디닌(scordinin)이라는 성분에 있다. 주성분은 당질, 단백질, 비타민 B_1·B_2·C, 칼슘·철분·인 등 의 무기질이 함유되어 항산화 효과가 뛰어난 종합 영양제라 할 수 있다. 항암 작용 및 강력한 항균 작용을 하여 식중독을 억제한다. 또 마늘은 신경전달물질인 세로토닌의 양을 증가시며 인지 기능과 기억력을 향상시키고, 스트레스를 이기게 한다.

보관하기

잘 말려서 망에 넣어 바람이 잘 통하는 곳에 매달아 보관한다. 껍질을 벗긴 것은 밀봉하여 냉장고에 보관한다. 오래 두면 마르거나 썩기 쉬우므로 양념으로 쓸 것은 다져서 비닐봉지에 편편하게 펼쳐 넣은 뒤 냉동실에 넣어 두고 조금씩 잘라서 쓰면 편리하다.

> **Tip 마늘 제대로 알기**
>
> 세계인이 인정한 항암 식품이다. 마늘의 하루 권장량은 2~3쪽이면 충분하다. 공복에 먹거나 갑자기 많이 먹을 경우 맵고 자극적인 맛이 위 점막을 자극하여 위통을 유발할 수 있으니 적당량을 꾸준히 먹는 것이 좋다.

마늘 냄새의 주성분은 알리신으로, 익힌 것보다 생마늘이 더 효과적이다.

그러나 냄새 때문에 꺼려지거나 위가 약한 사람은 익히거나 말려서 먹는

것이 좋다. 굽거나 말리면 황화알릴류는 줄어들지만 스코르디닌은 있어

신진대사를 촉진하고 스태미나 증대에 효과가 있다.

마늘샐러드

재료

말린 마늘 1/2컵, 방울토마토 10개 , 샐러드 채소 200g

＊소스 : 올리브오일 3큰술, 검은깨·식초 2큰술씩, 겨자 1작은술, 소금·후추 약간씩

만드는 법

1 마늘은 얇게 썰어 채반이나 건조기에서 바싹 말린다.

2 채소를 흐르는 물에 씻어 찬물에 담갔다가 체에 건져 물기를 빼고 손으로 먹기 좋게 자른다.

3 방울토마토는 꼭지를 따고 씻은 뒤 끓는 물에 소금을 넣고 데친다. 찬물에 넣고 껍질을 벗긴다.

4 팬에 기름을 넉넉히 두르고 따뜻해지면 마늘을 넣고 노릇하게 튀긴다.

5 검은깨를 곱게 갈아서 나머지 소스 재료와 함께 섞는다.

6 그릇에 손질한 채소와 마늘을 올리고 소스를 뿌린다.

Tip 마늘은 색이 하얗고 통통하며 묵직한 것이 좋은 것이다.

마늘베이글토스트

재료

마늘 8쪽, 베이글 4개, 버터·파슬리 가루·파프리카 조금씩 *마늘 버터 : 버터 4큰술, 다진 마늘 3큰술, 레몬즙 1작은술, 소금·후춧가루 조금씩

만드는 법

1 마늘을 얇게 썰어 기름을 두르지 않은 팬에서 노릇노릇 구워 잘게 썬다.

2 버터에 다진 마늘, 레몬즙, 소금, 후춧가루를 넣고 ①의 구운 마늘도 넣어 골고루 섞어 마늘 버터를 만든다.

3 베이글을 반으로 갈라 절단면에 마늘 버터를 골고루 바른다.

4 ③의 베이글에 파프리카와 파슬리 가루를 뿌린 뒤 팬에 버터를 바르고 약한 불에서 타지 않도록 굽는다.

Tip 예열한 오븐이나 토스터, 프라이팬에 굽는다.

무

제철 시기 & 고르기

가을~겨울. 진흙에서 자란 것으로 몸매가 쭉 뻗은 듯 고르고 빛깔이 희며, 무청이 달린 것이 싱싱하고 맛도 좋다. 무는 잎이 달린 부분의 푸른 면이 많을수록 단맛이 강하다.

주요 영양소

무에는 녹말을 분해 효소인 디아스타제(Diastase), 단백질 및 지방 분해 효소인 프로테아제(Protease)와 리파아제(Lipase)가 많이 들어 있다. 무의 매운맛 성분인 유황 화합물은 항암·항염·항균 작용을 한다. 이 성분은 무의 조직이 파괴될 때 생성되므로 고기나 생선회를 먹을 때 무즙을 같이 먹으면 소화도 잘되고 흡수율이 높다. 무에는 활성산소를 제거하는 항산화 비타민 C가 풍부하게 들어 있는데, 특히 무 껍질의 비타민 C는 무 속의 2배나 된다. 되도록이면 껍질까지 요리해서 먹는 것이 좋다.

보관하기

흙이 묻어 있는 채로 신문지에 싸서 서늘하고, 바람이 잘 통하고 햇볕이 들지 않는 곳에 보관한다. 무는 수분이 날아가면 바람이 든다. 이따금씩 분무기로 물을 뿌려 주면 좀 더 싱싱하게 저장할 수 있다.

> **Tip** 무 제대로 알기
>
> 오이를 자르면 비타민 C 분해 효소인 아스코르비나제라는 성분이 나온다. 오이와 만나면 무의 비타민 C를 파괴하므로 함께 요리하지 않는 것이 좋다.

무를 얇게 썰어 말린 무말랭이는 바싹 말려 팬에서
갈색이 날 때까지 볶아야 구수한 맛이 난다. 볶은 무는
채반에 담아 식힌 뒤 밀폐 용기에 담아 보관한다. 무는
향이 강해 차 한 잔 우릴 때 2조각만 넣어 3분 정도
기다렸다가 마신다. 디아스타제라는 소화 효소가 있어
소화 기능이 약한 사람에게 좋은 차다.

무말랭이차

재료

무 1개

만드는 법

1 몸통이 고르고 빛깔이 희며 싱싱한 무를 껍질째 깨끗이 씻는다.

2 손질한 무를 2×2×0.5㎝ 크기로 나박썰기하여 채반에 널어 말린다.

3 바싹 마른 무말랭이를 기름을 두르지 않은 팬에서 갈색이 날 때까지 볶는다.

4 볶은 무말랭이를 채반에 담아 식혀서 밀폐 용기에 보관한다.

5 뜨거운 물에 무말랭이를 2조각 넣고 3분 정도 우려내어 차로 마신다.

Tip 구수한 맛이 옥수수차와 비슷하다. 우엉·도라지·연근 등 뿌리채소를 볶아 2~3가지 섞어서 차로 마셔도 좋다.

무말랭이전

재료

무말랭이 1/2컵, 무 100g, 물 1/3컵, 밀가루 1/2컵, 식용유 적당량
＊소스 재료 : 간장 1/2컵·맛술·마늘 간 것·참기름 1/2큰술씩

만드는 법

1 무말랭이는 물에 살짝 씻어 볼에 넣고 물 1/3컵을 부어 1분 정도 불린다.
2 불린 무말랭이는 작게 자르고 무는 채 썬다.
3 볼에 밀가루를 넣고 ①의 무말랭이를 불린 물을 부어 풀어 준다.
4 ③의 볼에 재료를 모두 넣고 섞어 반죽한다.
5 달군 프라이팬에 식용유를 두르고 ④의 반죽을 부어 부친다.
6 분량의 재료를 잘 섞어 소스를 만든 뒤 곁들여 낸다.

Tip 무말랭이의 약간 단면서 고득한 씹힘과 익힌 무의 부드러운 맛이 어울
리는 요리. 불리는 시간에 따라 무말랭이의 식감이 달라진다. ＊무말랭
이는 식이 섬유가 풍부하게 함유되어 있는 건강 식재료이다. 칼륨은 일
반 무의 14배나 된다. 변비나 부종을 해소하는 탁월한 재료이다.

무
청

제철 시기 & 고르기

가을~겨울. 마른 것은 곰팡이가 피지 않은 것을, 삶은 것은 물에 충분히 우려낸 것을 고른다. 줄기가 지나치게 크지 않으며 특유의 시래기 냄새가 적은 것이 좋다.

주요 영양소

무청은 무의 푸른 잎을 말하는 것으로 영양 가치가 높다. 무청에는 비타민 A가 당근의 2배 이상, 비타민 B$_1$·B$_2$, 칼슘이 우유의 2배, 비타민 C가 딸기보다 많이 들어 있다. 풍부한 식이 섬유가 몸속 노폐물 배출을 촉진하고 비만과 당뇨를 조절하는 데 도움이 되며, 골다공증이나 빈혈에도 효과가 있다. 암 증식을 억제해 주는 리그닌 성분도 들어 있다. 시래기와 찰떡 궁합은 된장으로, 시래기에 된장을 넣어 끓이면 맛이 구수하고 된장에 부족한 비타민도 보충된다. 시래기나물·시래기나물밥·시래기죽 등으로 요리해 먹는다. 시래기 요리를 하려면 먼저 푹 삶아서 충분히 우려내야 구수함과 부드러운 식감이 살아난다.

보관하기

무청은 햇볕이 들지 않고 서늘한 곳에서 말려야 깨끗하다. 바람이 잘 통하는 바람벽이나 처마 밑에 엮어 걸어 두거나 망에 넣어 걸어 둔다.

Tip 무청 제대로 알기

무청에 풍부한 카로틴의 흡수를 높이려면 기름을 넉넉히 넣는다. 참깨를 뿌리면 비타민 E가 보충되어 항암성이 높아진다.

피부가 아름다워지는 무청 목욕 : 궁녀들은 아름다운 피부를 만들기 위해 무청시래기를 우려낸 물에

목욕했다고 한다. 무청시래기를 뭉근한 불에 달여 충분히 우려낸 뒤 이 물에 천일염이나 죽염을 넣어 목욕하면

노폐물이 배출되어 피부가 매끄럽고 건강해진다. ※ 무청시래기탕 만들기 : 무청시래기를 넉넉히 준비하여

물에 가볍게 씻은 뒤 냄비에 담고 물을 부은 뒤 뭉근한 불에 충분히 달여 우려내어 욕조의 따뜻한 물에

섞는다. (삶은 무청시래기는 버리지 말고 요리해 먹으면 된다.) ※ 관절염에 효과 : 무청에 풍부한 유황 자극 성분인

시니그린(sinigrin)이 혈액 순환을 촉진하여 소염·진통 작용을 하므로 관절염 환자에게 도움이 된다.

시래기나물

재료

삶은 시래기 200g, 멸치(굵은 것) 10마리, 식용유 2큰술, 물 1/2컵
*양념 : 다진 파·들기름(참기름) 1큰술씩, 간장 1큰술, 다진 마늘 1작은술

만드는 법

1 시래기는 물기를 꼭 짠 뒤 질긴 줄기는 껍질을 벗겨서 적당한 길이로 썬다.
2 멸치는 내장과 머리를 떼어 낸다.
3 팬을 달구어 기름을 두르고 시래기와 손질한 멸치, 마늘과 파를 넣어 볶다가 기름이 골고루 돌면 물을 붓고 된장과 간장을 풀어 넣는다.
4 ③을 중간중간 뒤적이며 부드럽게 익힌 뒤 맛이 어우러지면 깨소금과 참기름을 넣고 마무리한다.

Tip 시래기는 바람이 잘 통하는 그늘진 곳에서 말리는 것이 좋다. 햇볕에 말렸을 때보다 영양분의 손실이 적고 맛이 좋다.

© 아카데미북

시래기목이장떡

재료

삶은 시래기 200g, 목이(마른 것) 20g, 부침가루 1컵, 다진 파 2큰술, 된장 1큰술, 다진 마늘 1작은술, 고춧가루·설탕 1작은술(기호에 따라 선택), 물 250㎖
＊양념장 : 식초 1큰술, 조선간장 1큰술, 설탕 약간, 들기름(또는 식용유) 적당량

만드는 법

1 시래기는 물기를 꼭 짜서 잘게 썬 뒤 된장으로 양념해 놓는다.
2 목이는 흐르는 물에 잡티를 씻어 낸 뒤 미지근한 물에 10분가량 담가 불린 뒤 건져 내어 물기를 꼭 짜서 잘게 썬다.
3 그릇에 부침가루, 고춧가루, 마늘, 설탕, 물을 넣고 골고루 저어서 부침 반죽을 만든다.
4 ③의 반죽에 ①의 시래기와 ②의 목이를 넣고 골고루 섞는다. ※ 부침가루 대신 밀가루를 쓴다면 소금이나 조선간장으로 간을 더해야 한다.
5 프라이팬에 기름을 두르고 달구어 ④의 반죽을 적당히 떠 넣고 노릇노릇하게 지진다.

Tip 시래기의 질깃함과 목이의 부드러우면서도 쫄깃한 식감이 어우러져 색다른 맛을 낸다. 간을 간간하게 하면 도시락 반찬으로 좋다. 나물을 싫어하는 아이가 있다면 햄이나 맛살을 넣어 주면 잘 먹는다.

배추

제철 시기 & 고르기
11~12월. 배추 속이 꽉 차서 묵직한 것으로 지나치게 크지 않은 것을 고른다.

주요 영양소
배추에는 비타민 A·B_1·B_2·C 등이 많이 들어 있기 때문에 겨울에 부족하기 쉬운 비타민을 보충할 수 있다. 비타민 A의 전구체인 베타카로틴이 많이 들어 있어 면역력 강화에 도움을 준다. 배추에 농축되어 있는 비타민 C는 열을 가하거나 소금에 절여도 잘 파괴되지 않아 감기 예방에 도움을 주며 항암 작용도 한다.

보관하기
통째로 신문지에 여러 겹 싸서 밑동을 아래로 세워 서늘하고 그늘진 곳에 둔다. 옆으로 눕히면 무게에 짓눌려 물러진다.

Tip 배추 제대로 알기

배추와 무를 함께 먹으면 비타민이 풍부하고 소화를 잘되게 하는데, 두 가지를 함께 요리하면 효능이 배가 된다. 배춧국은 숙취 해소에 매우 좋은 음식이다.

선조들은 배추의 기운이 서늘하다고 보아 울화병으로 인한 가슴답답증과 음주 후 갈증, 소갈증 등에 약으로

썼다고 한다. 배추는 사상체질상 소양인이나 태양인에게 도움이 되는 채소다. 서늘한 성질의 배추로 담근

김치가 누구에게나 어울리는 음식이 되는 이유는 생강·마늘·고추·파 등의 맵고 따뜻한 양념류를 넣어 성질을

중화시켰기 때문이다. ―《약이 되는 우리 먹거리 1》중에서

배추시래기된장조림

재료

삶은 시래기 200g, 쇠고기(홍두깨살) 50g, 꽈리고추 50g
*조림장 : 국간장 2큰술, 설탕 1/2 큰술, 깨소금 1큰술, 생강 1/2톨, 다진 4쪽, 통후추 3알, 육수 6큰술

만드는 법

1 냄비에 물을 넉넉히 붓고 시래기를 넣고 삶는다. 찬물에 담가 떫은맛을 우려낸다.
2 우려낸 시래기는 물기를 꼭 짜서 7~8㎝ 길이로 썬다.
3 쇠고기는 찬물에 담가 핏물을 빼고 끓는 물에 삶는다. 꼬치로 찔러 보아 익었는지 확인한다.
4 쇠고리가 무르게 삶아지면 꺼내서 굵게 찢는다.
5 육수에 분량의 간장과 설탕, 얇게 저민 생강과 마늘, 통후추를 넣고 끓인다.
6 조림장에 쇠고기와 시래기를 넣고 뒤적여 가면서 조린다.
7 시래기가 어느 정도 조려지면 꽈리고추를 넣고 함께 조린다.

Tip 시래기와 된장의 조합으로 부드러우면서 구수하고 질리지 않는 맛이다. 나물은 은근한 불에서 볶아 주어야 깊은 맛이 난다.

시래기황태찜

재료

삶은 시래기 300g, 황태포 1/2마리,
청양고추 1개, 대파 1/3대, 쌀뜨물 5컵
＊양념 : 참기름·된장·들깨가루 1큰술
씩, 국간장 1작은술, 다진 마늘 1/2큰술

만드는 법

1 삶은 시래기는 찬물에 헹구어 물기를 꼭 짠 뒤 먹기 좋은 크기로 썰어 양념에 무쳐 둔다.
2 청양고추와 대파는 어슷 썬다.
3 황태포는 잘게 찢어 ①의 시래기와 함께 냄비에 넣고 식용유 2큰술을 두른 뒤 1분 정도 볶는다.
4 ③에 쌀뜨물을 붓고 약한 불에서 부드러워질 때까지 30분 정도 익힌다.
5 국물이 자작해지면 청양고추와 대파를 넣고 5분 정도 더 익힌 뒤 불에서 내린다.

Tip 맛이 부드럽고 황태의 시원함이 느껴지는 찜. 약한 불에서 은근히 익혀야 시래기가 부드러워지고 간이 충분히 밴다.

생강

제철 시기 & 고르기

가을~겨울. 울퉁불퉁한 홈이 많지 않으며 상처나 터진 곳이 없는 탄탄한 것으로 황토색을 띠고 흙이 묻어 있는 것을 고른다.

주요 영양소

생강 뿌리는 무기질이 풍부하고, 40~60% 정도의 전분과 향미·신미 성분이 들어 있어 간장 활동 활성화, 이뇨 작용, 종기 제거, 위장 기능 조절에 관여한다. 생강 특유의 매운맛은 진저롤(gingerol)과 시네올(cineole)에 의한 것으로, 항암 효과가 있고, 말초 혈관의 혈액 순환을 도와 몸이 따뜻해지고 땀이 나게 한다.

보관하기

흙이 붙어 있는 상태로 신문지에 싸서 서늘한 곳에 둔다. 오래 두고 먹으려면 껍질을 벗기지 말고 씻어 냉동해 둔다. 냉동한 것은 녹으면서 껍질이 자연스럽게 벗겨져 수고를 덜어 준다.

Tip 생강 제대로 알기

매운맛과 강한 향을 지닌 생강은 고기를 부드럽게 하고 비린내를 없애는 작용이 있어 육류나 생선 요리에 빠지지 않는다. 그 밖에 생강편·생강차·생강주·생강장아찌·생강정과·생강엿으로 다양하게 이용할 수 있다.

생강은 소화불량을 개선하며 멀미나 입덧을 완화해 주는 작용을 한다. 살균·거담 작용이 강력하여 감기나 기관지 감염을 치료하는 효과가 크다.

편강

재료

생강 400g, 설탕 1/4컵, 조청(꿀) 4
큰술

만드는 법

1 생강은 깨끗이 씻어 껍질을 벗겨 모양대로 0.2㎝ 두께로 썬다.
2 끓는 물에 생강을 넣어 30분간 삶아 물을 따라 내고 물기를 거두고 채반에 펼쳐 말린다.
3 생강에 조청을 발라 꾸덕꾸덕할 정도로 마르면 설탕을 묻혀 바싹하게 말린다.

Tip 생강을 끓여 낸 물은 꿀이나 설탕을 넣어 차로 마신다. 설탕을 묻히지 않고 말려서 가루로 내
어 보관하면 요리에 생강 대용으로 유용하게 쓸 수 있다.

생강차

재료

말린 생강 2큰술, 대추 20알, 물 5컵,
꿀 약간

만드는 법

1 대추는 솔로 표면을 문질러 씻은 뒤 칼집을 낸다.

2 냄비에 손질한 대추와 생강을 담고 물을 부어 한 소끔 끓인 뒤 불을 줄여 반으로 줄어들 때
까지 뭉근히 끓인 뒤 체에 밭쳐 꾹꾹 눌러 가며 물만 받는다.

3 기호에 따라 꿀을 넣어 마신다.

Tip 생강은 몸을 따뜻하게 해 주는 효과가 있다. 생강을 갈아서 뜨거운 물에 타서 마셔도 좋고,
시중에서 파는 생강차는 뜨거운 물에 타서 수시로 마셔도 좋다.

양파

제철 시기 & 고르기

5~6월. 마른 겉껍질에 붉은빛이 돌며 공처럼 동그랗게 생긴 것을 고른다. 눌러보아 물렁물렁한 것은 썩은 것이니 피한다.

주요 영양소

양파의 매운맛과 자극적이 냄새는 유화아릴에 의한 것으로, 양파가 지닌 약효의 비밀이다. 풍부한 당질과 무기질, 비타민 B·C, 안토시아닌 등이 함유되어 있어 항산화 효과가 뛰어나다. 혈전 예방, 당뇨병 치료와 살균, 암 예방에 효과적인 강장제이자 자연산 항균제이다.

보관하기

망사 자루에 넣어 서늘하고 바람이 잘 통하는 그늘에 둔다. 건조한 상태를 유지하는 것이 중요하다. 습기가 많으면 뿌리가 자라고 심지 부분에 싹이 나와 영양분을 빼앗기므로 양파 자체는 시들어 맛이 없다.

Tip 양파 제대로 알기

국물이나 수프 등의 육수를 끓일 때 양파 껍질과 파뿌리를 이용해 보자. 양파 겉껍질에는 '퀘르세틴'이라는 성분이 있어 세포 손상과 지방의 산화와 부패를 막는 강력한 항산화 효과가 있다.

양파는 서양에서 오랫동안 민간요법에 이용해 왔다.

퀘르세틴(quercetin)이 풍부하여 암의 진행을 억제하고

장에 해로운 박테리아를 배출하는 작용을 한다. 양파에

풍부한 항화합물 성분(유화아릴)은 벌레물림에서

천식에 이르기까지 염증 관련 증상을 개선하는

효과가 뛰어나다.

양파베이컨덮밥

재료

양파 2개, 베이컨 200g, 다진 마늘 1큰술, 간장·매실청·맛술 1큰술씩, 다시마 육수 3큰술, 액젓 1작은술, 생강즙 1/2작은술, 소금·식용유 조금씩, 새싹채소(무순) 약간

만드는 법

1 양파는 0.5㎝ 크기로 둥글게 잘라 꾸덕꾸덕하게 말린다.
2 ①의 양파를 먹기 좋게 잘라 식용유를 두른 팬에 볶아 낸다.
3 베이컨은 잘게 썰어 볶아 기름을 없앤다.
4 팬을 달구어 마늘을 넣고 볶다가 ③의 베이컨, 간장·매실청·맛술·다시마 육수·액젓·생강즙을 넣어 베이컨 소스를 만든다.
5 그릇에 밥을 담고 양파를 얹은 뒤 베이컨 소스를 끼얹는다.
6 새싹채소로 장식한다.

Tip 익히면 달착지근한 맛이 나는 양파와 베이컨을 넣어 아이들이 부담없이 먹을 수 있는 요리이다.

양파두부스프

재료

말린 양파 1컵, 두부 100g, 통깨 1/4컵, 볶은 견과류(땅콩 또는 호두) 1/4컵, 닭 육수 (또는 물 1.5컵), 우유 2컵, 올리브유 적당량, 소금·후추 약간씩

만드는 법

1 올리브유를 두른 팬에 양파를 넣고 투명해질 때까지 볶은 뒤에 닭 육수나 물을 넣고 끓인다.
2 ①이 식으면 믹서에 두부, 통깨와 볶은 견과류를 함께 넣고 곱게 간다.
3 ②를 냄비에 붓고 우유를 넣고 걸쭉한 농도가 될 때까지 끓인다.
4 소금과 후추로 간을 맞춘다.
5 스프를 그릇에 담고 말린 양파 작은 것을 얹어 장식한다.

Tip 크루통 대신에 말린 양파를 얹어 먹는다. 양파를 익히지 않고 생으로 이용할 때는 얼음물에 담가 놓으면 매운맛이 줄어든다.

연근

제철 시기 & 고르기

11~2월. 겉으로 봐서 흠집이 없으며, 마디 사이에 상처가 없으며 매끈하고 통통하며 묵직한 것이 좋다. 지나치게 가는 것은 섬유질이 억세므로 피한다. 껍질을 벗겨서 물에 담가 놓고 파는 것은 표백한 것일 수 있으니 통째로 사는 것이 좋다.

주요 영양소

연의 뿌리 부분인 연근은 '진흙 속의 보물'로 불릴 정도로 영양소가 풍부하다. 연근은 신경과민이나 스트레스로 인한 불면증을 해소해 준다. 철분과 탄닌 성분이 들어 있어 소염 작용이 뛰어나 점막 조직의 염증을 가라앉혀 주므로 코피가 잘 나는 사람이 먹으면 효과를 발휘한다. 연근 한 뿌리에는 레몬 1개와 맞먹을 정도로 비타민 C가 풍부하여 콜라겐을 형성하고, 항산화 작용으로 암을 예방한다.

보관하기

껍질을 벗기거나 씻지 말고 흙이 묻어 있는 채로 신문지에 싸서 냉장고에 두면 오랫동안 보존할 수 있다. 껍질을 벗겨 놓은 것은 식촛물에 담가 두어야 변색을 막을 수 있다. 날마다 물을 갈아 주어도 며칠은 보관할 수 있다.

Tip 연근 제대로 알기

연근 간 것에 한 잔 분량의 뜨거운 물을 붓고 소금이나 꿀을 넣어 뜨겁게 마시면 피로가 빨리 풀린다. 기침이 심할 때는 연근 생즙을 먹으면 효과를 볼 수 있다.

연근은 한방에서 지혈(止血) 작용을 하고 열독(熱毒)을 푸는 약재로 이용된다.《동의보감》에는 "연근은 맛이 달며 독이 없다. 토혈을 멎게 하면서 어혈을 푼다"라고 기록되어 있다.

연근차

재료

연근 1개

만드는 법

1 중간 크기의 연근을 물에 씻어서 껍질을 얇게 벗긴 뒤 0.5㎝ 두께로 썰어 식촛물에 담가 변색을 막고 떫은맛을 제거한다.

2 끓는 물에 식초를 조금 넣고 ②의 연근을 살짝 데쳐서 소금을 조금 넣은 찬물에 헹궈 낸다.

3 ③의 물기를 제거하고 겹치지 않게 선반에 펼쳐 건조기에 넣고 말린다.

4 바싹 마른 연근을 기름을 두르지 않은 팬에서 갈색이 날 때까지 볶는다.

5 볶은 연근을 채반에 담아 식힌 뒤 밀폐 용기에 보관한다.

6 뜨거운 물에 연근을 3~4조각 넣고 3분 정도 우려내어 차로 마신다.

Tip 차로 마시려면 하얀 꽃을 피우는 백연근이 좋다. 일반 연근보다 가늘고 독성이 없으며 향과 맛이 좋아 차로 마시기에 적당하다. 연근을 볶을 때 세게 뒤적거리면 부서지므로 주의한다.

연근채소칩

재료

연근 200g, 고구마 1개, 감자 1개, 단호박 100g, 당근 1/2개, 소금 적당량

만드는 법

1 연근·감자·고구마는 0.5cm 두께로 썰어 물에 잠깐 담가 둔다.

2 단호박은 껍질을 벗기고 0.5cm 두께로 썬다. 당근도 같은 두께로 썬다.

3 김 오른 찜통에 연근·감자·고구마·단호박을 살짝 찐다.

4 ③을 채반에 겹치지 않게 펼쳐 놓고 설탕을 조금 뿌려서 말린다. 건조기에 넣고 말리는 것이 깔끔하게 마른다.

Tip 주로 뿌리채소를 이용하여 햇볕이나 건조기에서 말리거나 오븐에서 구워 낸다. 채소칩은 기름지지 않은 과자로, 섬유소·비타민·무기질이 듬뿍 들어 있고 담백한 맛이 일품이다.

우엉

제철 시기 & 고르기

1~3월. 껍질에 잔털과 흠이 없고, 단단하며 갈라지지 않은 것이 좋다. 지나치게 굵거나 가는 것은 피하고 지름이 동전 만한 것을 고른다. 껍질의 흙이 말라 있거나 시들시들한 것은 심지가 생겨서 질기고 맛이 없다.

주요 영양소

식물성 섬유가 풍부하여 변비를 해소하고 콜레스테롤치를 낮춰 준다. 우엉을 잘랐을 때 나오는 끈적거리는 성분은 식이 섬유의 일종인 리그닌으로 암을 억제하는 데 탁월한 효과가 있다. 잘랐을 때 많이 나오므로 우엉을 가능하면 얇게 써는 것이 좋다. 우엉을 갈면 식이 섬유가 두 배로 늘어나기 때문에 갈아서 즙을 마시면 영양 흡수를 높일 수 있다.

보관하기

흙이 묻어 있는 채로 신문지에 싸서 냉장고에 두거나 흙에 묻어 둔다. 껍질을 벗긴 것은 데쳐서 냉장고에 두면 2일 정도 보존할 수 있다.

Tip 우엉 제대로 알기

우엉의 감칠맛은 껍질에 있으므로 손질할 때는 표면을 가볍게 씻거나 칼등으로 살짝 긁어 내야 맛을 제대로 느낄 수 있다.

우엉은 예부터 효과가 뛰어난 정화제로, 몸속의
독성 물질을 배출하는 효과가 뛰어나다.

우엉타락죽

재료

말린 우엉 1컵, 우유 2컵, 물 1/2컵, 찹쌀가루 4큰술, 꿀 2큰술, 소금 1작은술, 다진 잣 1큰술

만드는 법

1 말린 우엉을 따뜻한 물 1/2컵을 붓고 뚜껑을 덮어 부드럽게 불린다.

2 ①의 불린 우엉과 우유를 넣고 믹서에 간다.

3 냄비에 물과 찹쌀가루를 넣고 걸쭉하게 끓인다.

4 ③에 ②를 넣고 저으며 끓여 소금으로 간을 하고 다진 잣을 올린다.

Tip 말린 우엉을 가루로 내어 끓인 우엉죽은 옛날에는 중풍 치료제로 썼였다. 이유식이나 건강식으로 좋다.

우엉조림

재료

말린 우엉 50g, 간장 3큰술, 조청 4큰술, 생강즙 1작은술, 통깨 적당량

만드는 법

1 마른 우엉은 미지근한 물에 30분 정도 불린다.
2 끓는 물에 불린 우엉을 넣고 데쳐서 찬물에 헹구어 체에 밭쳐 물기를 뺀다.
3 냄비에 분량의 간장과 조청을 넣어 장물을 끓인다.
4 ③의 장물에 ②의 우엉과 생강즙을 넣고 투명하게 조린다.

Tip 말린 우엉은 단단하므로 물에 불려 삶아서 무르게 한 뒤 조리한다. 조림이 부드럽고 간이 고루 속까지 배게 하려면 재료 위로 국물이 올라오도록 붓고 재료가 위에 떠오르지 않도록 한 뒤 오래 조리는 것이 요령이다.

토란대

제철 시기 & 고르기
9~10월. 줄기의 마른 상태가 깨끗하고 푸른 색깔이 남아 있는 것을 고른다.

주요 영양소
토란은 연잎처럼 잎이 퍼졌다 하여 '토련(土蓮)'이라고도 불리는, 알뿌리채소이자 잎줄기채소다. 뿌리를 많이 식용하지만 줄기도 스트레스 해소와 야뇨증, 알레르기성 비염, 잠잘 때 식은땀을 많이 흘리는 증상에 효과가 있다. 토란대와 토란에는 수산석회가 들어 있어 지나치게 많이 먹으면 결석의 원인이 될 수 있으므로 주의한다.

보관하기
토란의 줄기를 겉껍질을 벗겨 햇볕에 바싹 말려 두고 묵은 나물로 먹는다. 엷은 망에 넣거나 밀봉된 통에 넣어 서늘하고 건조하게 보관한다.

Tip 토란대 제대로 알기

토란의 잎과 줄기는 나물이나 볶음, 육개장이나 국의 건더기로 이용한다. 남도 지방에서는 토란대를 말려 정월 대보름날 묵나물로 볶아 먹거나 들깨즙을 넣어 고소한 탕으로 끓여 먹는데 별미다.

토란대는 잠잘 때 식은땀을 잘 흘리고 작은 일에도 손에 땀이 흥건히 젖는 사람들에게 좋다. 또한 스트레스를 자연스럽게 해소해 주고, 약한 심장을 강하게 만들어 주며, 야뇨증이나 알레르기성 비염에 효과를 발휘한다. 상식하면 체질 개선 효과를 볼 수 있다.

토란대흑임자가루

재료

토란대 1kg, 검은깨 200g

만드는 법

1 토란대는 껍질을 벗겨 깨끗이 씻어서 채반에 널어 햇볕에 바싹 말린다.
2 말린 토란대는 찬물에 불려서 끓는 물에 데쳐 찬물을 갈아 주며 우려낸다.
3 다시 바싹하게 말려서 기름을 두르지 않은 팬에서 볶은 뒤 식혀서 가루로 만든다.
4 검은깨를 볶아 가루로 만든다.
5 토란대와 흑임자를 1 : 2~3의 비율로 섞어서 밀폐 용기에 담는다.
6 하루 1~2회 한 숟가락씩 먹거나 우유나 요구르트에 타서 먹는다. 밥 위에 뿌려서 먹어도 좋다.

Tip 토란대의 아린 맛을 덜 우려낼 경우 독성이 남아 있어 목이 따끔따끔할 수도 있다.

토란대나물

재료

말린 토란대 50g, 들기름 1큰술
*양념장 : 국간장 2큰술, 다진 파·마늘·참기름 1큰술씩, 깨소금 1/2큰술,
물 2큰술

만드는 법

1 말린 토란대를 물에 불려 깨끗이 다듬어 쌀뜨물에 데쳐 찬물에 헹군 뒤
   찬물에 담가 우려낸다.
2 ①의 토란대를 건져 물기를 꼭 짠 뒤 3~4cm 길이로 잘라 준비한 양념장
   에 무친다.
3 냄비에 들기름을 두르고 토란대를 볶으면서 육수를 부어 뜸을 들인다.
4 토란대에 간이 배면 참기름을 넣고 깨소금을 넣어 뒤적거린 뒤 불을 끈다.

Tip 토란대는 겉에 있는 섬유질이 질기므로 껍질을 벗겨 내고 말려야 부드
     럽다.

파프리카

제철 시기 & 고르기

7~9월. 색깔이 선명하고 꼭지가 싱싱하며, 광택이 나는 것이 좋다. 주황색·노란색·보라색 등 색깔도 다양하고 모양도 가늘고 긴 것에서 원통형, 원추형에 이르기까지 여러 가지다.

주요 영양소

파프리카는 '비타민 캡슐'이라고 불릴 만큼 비타민 A·C의 함량이 뛰어나고, 항산화 작용을 하는 베타카로틴 함량이 높다. 색깔에 따라 유효 성분이 다른데, 녹색 파프리카에는 클로로필이 풍부하여 항암 작용을 하고, 보라색과 갈색에는 비만을 억제하는 안토시아닌이 들어 있다. 붉은 파프리카의 베타카로틴 함량은 녹색에 비해 무려 100배, 비타민 C는 2배, 비타민 E는 5배에 이른다.

보관하기

파프리카는 신문지에 하나씩 싸거나 구멍을 낸 비닐봉지에 넣어 냉장 보관한다.

> **Tip 파프리카 제대로 알기**
>
> 서양에서는 단맛이 나는 고추를 피망, 유럽에서는 모든 고추를 파프리카라고 한다. 우리나라에서는 피망을 개량한 작물이 파프리카라는 이름으로 들어오는 바람에 다른 것으로 알고 있는 경우가 많다. 〈원예학 용어집〉에 따르면, 피망과 파프리카는 둘 다 '단고추'로 명명되어 있다.

붉은 파프리카의 색을 내는 카로티노이드 성분은 매우 강력한 항산화 작용을 하므로 파프리카를 즐겨 먹으면 노화를 늦출 수 있다.

파프리카부각

재료

파프리카(홍·주황·노랑·녹색) 각 1개씩, 찹쌀가루 1/2컵, 소금 약간, 튀김 기름 적당량

만드는 법

1 파프리카는 씻어서 꼭지와 흰 부분을 잘라 내고 씨를 턴다.
2 둥글게 1~2cm 두께로 자른다.
3 찹쌀가루 1컵에 물 2컵을 넣고 소금으로 간한 뒤 저으면서 약간 되직하게 풀을 쑨다.
4 ②의 파프리카에 ③을 식혀서 발라 바싹 말려 둔다.
5 먹을 때마다 꺼내어 중온의 기름에 튀겨 낸다. 찹쌀 풀이 하얗게 일어나면 바로 꺼낸다.

Tip 파프리카의 크기는 자유롭게 넓적하게 4~6등분으로 잘라 말릴 수도 있다. *부각은 잎이 얇은 채소나 해조류에 풀칠을 해서 말렸다가 기름에 튀겨 바삭하게 먹는다. 한꺼번에 튀겨 놓으면 눅눅해지므로 밀폐 용기에 담아 두고 먹을 만큼만 튀긴다.

파프리카부각잡채

재료

파프리카 말린 것 1/2컵, 말린 표고 3장, 쇠고기 200g, 붉은 고추 2개, 녹말가루 2큰술 *양념 : 간장·깨소금 1큰술씩, 참기름 1/2큰술, 후춧가루 조금 *쇠고기 양념 : 간장·청주·다진 파 1큰술씩, 다진 마늘·깨소금 1/2큰술씩, 후춧가루 조금

만드는 법

1 파프리카는 김 오른 찜통에서 5분 정도 쪄서 식힌다.

2 표고는 물에 불려 기둥을 떼고 물기를 꼭 짠 뒤 0.2cm 로 채 썬다.

3 쇠고기 연한 살코기를 5cm 길이로 채 썬 뒤 쇠고기 양념으로 재웠다가 녹말가루를 넣어 잘 버무린다.

4 프라이팬에 기름을 두르고 ③의 쇠고기를 넣어 젓가락으로 저으면서 볶는다.

5 고기가 어느 정도 익으면 표고를 넣고 볶는다.

6 ⑥의 표고가 부드럽게 익으면 ①을 넣고 조금더 볶다가 양념을 넣어 간한다.

Tip 녹말가루로 버무려 볶아 쫄깃하게 씹히는 맛이 각별하다. 건조기에 말린 파프리카나 피망을 쓸 때는 동량의 물을 부어 불려 부드러워지면 물기를 거두어 쓰기도 한다.

호
박

제철 시기 & 고르기

봄~가을. 애호박은 몸통이 고르고 윤기가 있으며 연한 녹색을 띠는 것이 좋다. 몸통이 지나치게 굵은 것은 씨가 커진 것이므로 날씬한 것을 고른다.

주요 영양소

주성분은 당질이지만 비타민 A가 카로틴 형태로 많이 들어 있고, 비타민 $B_1 \cdot B_2 \cdot C$, 칼슘과 인 등의 무기질이 균형 있게 들어 있다. 호박에는 몸을 따뜻하게 하는 작용이 있어 몸이 찬 사람에게 좋다. 호박에 풍부한 비타민 A는 기름과 어울리면 흡수가 잘되므로 기름에 조리하는 방법이 효과적인 영양 섭취 방법이다.

보관하기

물기를 없애고 신문지에 싸서 냉장고 채소실에 보관한다. 호박은 오래 두면 투명하고 끈적거리는 진액이 묻어 나오고 쉽게 물러지므로 되도록 빨리 조리하는 것이 좋다.

Tip 호박 제대로 알기

호박은 비타민 A가 풍부하여 피부 점막을 튼튼하게 해 주고, 식물성 섬유인 팩틴 성분이 이뇨 작용을 도와 부기를 가라앉혀 준다. 또한 산후 부기와 당뇨로 인한 부기에도 효과가 있는데 이때는 늙은 호박의 속을 파내고 꿀을 부어 찜통에 푹 삶는 호박꿀단지가 좋다.

호박을 말릴 경우, 애호박은 비타민 A가 풍부해지고, 늙은 호박은 당도가 증가하고 섬유질과 미네랄이
풍부해진다. 1ℓ에 말린 호박껍질 5g을 넣고 약한 불로 끓여 수시로 마시면 간염이나 신장염에 좋다. 호박차는
늙은 호박으로 만드는데, 호박에 풍부하게 들어 있는 비타민 A는 세균 감염에 대한 저항력이 높기 때문에
겨울철 감기 예방에도 좋은 약차이다.

호박오가리조청

재료

늙은호박오가리 30g, 조청 500g,
물 3큰술

만드는 법

1 호박오가리를 물에 한 번 씻어서 체에 담아 물기를 빼 둔다.
2 두꺼운 냄비에 조청을 담고 호박오가리와 물 3큰술을 넣은 뒤 약한 불에서 가끔 저어 주면서 뭉
  근하게 조린다.
3 조청의 농도가 물을 넣기 전의 농도와 같아지면 불을 끄고 식혀 서늘한 곳에 두고 먹는다.

Tip 호박조청은 주로 가래떡이나 인절미를 찍어 먹는 용도로 쓴다. 원래는 엿을 만들기 전 조청을
     먼저 떠낼 때 응용하는 조리법이다. 조청이 완성되기 한두 시간 전쯤 말리지 않은 늙은 호박을
     손질하여 노란 속살만 적당한 크기로 썰어 넣고 조리면 쫀득쫀득 씹히는 호박의 맛과 향기가
     좋은 조청이 된다.

호박오가리나물

재료

호박고지 70g, 쇠고기(등심) 100g, 양파 1/2개, 숙주 100g, 마늘 3쪽, 실파 3뿌리, 붉은고추 1개, 새우젓 3큰술, 소금·후춧가루 약간씩, 참기름 1/2큰술, 식용유 2큰술

만드는 법

1 호박고지는 미지근한 물에 1시간 정도 불린 뒤 끓는 물에 살짝 데쳐 찬물에 헹궈 물기를 뺀다.

2 쇠고기는 4cm 길이로 편으로 썰고, 양파는 4cm 길이로 채 썬다.

3 숙주는 머리와 꼬리를 손질하여 끓는 물에 살짝 데친다.

4 마늘은 곱게 다지고, 실파는 4cm 길이로 썰고, 붉은 고추는 어슷 썬 뒤 씨를 뺀다.

5 팬에 식용유를 두르고 양파를 볶다가 쇠고기를 넣어 볶는다.

6 불린 호박고지를 넣어 볶으면서 마늘·새우젓·후춧가루로 양념한다.

7 숙주·실파·붉은 고추를 넣어 볶은 다음 마지막에 참기름을 넣는다.

Tip 말린 호박은 생호박보다 단맛이 많이 난다. 불린 호박을 식용유에 볶아 소금 간만 해도 맛이 난다.

허브─로즈마리

제철 시기 & 고르기

가을이 수확 시기지만 일 년 내내 재배가 가능하다. 필요할 때마다 가지를 잘라서 이용한다.

주요 영양소

로즈마리(rosemary)는 지중해 지역에서 자라는 민트 계열의 허브로, 주로 차의 재료로 이용되며, 식육 가공품이나 고기의 잡냄새를 없애 주고, 해산물이나 육류 요리의 소스도 이용된다. 칼슘이 풍부하여 신경을 안정시키고, 특유의 상쾌한 향과 항산화 성분이 뇌세포에 활력을 줌으로써 두뇌를 맑게 해 주고 집중력과 기억력을 높여 주는 효과가 있다. 고대 그리스에서는 시험을 보는 학생들의 머리에 로즈마리를 두르게 했다고 전해진다. 로즈마리의 탄닌 성분은 출혈이 있을 때 지혈 작용을 하고, 월경 과다 증상을 개선한다.

보관하기

생으로 쓸 때는 필요한 때마다 화분에 심은 그루에서 가지를 잘라 쓰고, 햇볕이나 건조기에 잘 말려서 밀폐 용기에 담아 냉장고에 넣어 보관한다.

Tip **로즈마리 제대로 알기**

로즈마리는 식욕을 자극하여 소화와 영양 흡수를 도우므로 기름진 음식을 먹을 때 곁들이면 좋다. 로즈마리를 소주나 위스키 등에 넣어 성분을 침출시킨 로즈마리술은 알코올 성분 때문에 흡수가 빠르며 장기간 보존이 가능하다.

겨울 아침에 김이 모락모락 나는 로즈마리차 한 잔을 마시면 하루가 상쾌해진다. 로즈마리를 뜨거운 차로

마시면 인후염과 흉부감염증을 개선하는 효과가 있다. 근육 이완 효과가 있어서 생리통을 줄이는 데도 많은

도움이 된다.

로즈마리차

재료

로즈마리(말린 것) 적당량

만드는 법

1 화분에 키운 로즈마리의 가지를 꺾어 내어 연한 소금물에 살짝 씻어 미세한 먼지를 없애고 물기를 뺀다.

2 채반에 한지를 깔고 로즈마리를 펴 놓고 바람이 통하는 그늘에서 말린다. 건조기에 말리면 색이 더 예쁘다.

3 다관에 알맞은 양을 넣고 뜨거운 물을 부어 2~3분간 우려내어 마신다.

Tip 은은한 솔잎 향이 나는 로즈마리차는 향기 그 자체만으로도 뇌 세포가 활성화되며, 지방 분해 효능도 있으므로 하루에 한 잔 정도 마셔 주면 좋다.

허브주머니

재료

허브류(로즈마리·차이브·민트·바질·레몬버베나·타임·민트·레몬밤·제라늄·라벤더 등)

만드는 법

1 허브 종류를 깨끗이 씻어서 뒤 물기를 제거한 뒤 건조대에 놓고 말린다.

2 구멍이 숭숭 나 있는 삼베 주머니에 넣어 포푸리를 만든다. 공부할 때 책상 위나 잠잘 때 머리맡에 두면 상쾌한 허브 향이 머리를 맑게 해 준다.

Tip 허브 종류를 충분히 말려 두었다가 몸이 피곤할 때 따뜻한 물에 담가 손이나 발을 담그면 혈액 순환이 잘된다.

버섯

느
타
리

제철 시기 & 고르기

봄부터 늦가을까지 활엽수 고목에 겹쳐 나며 인공 재배로 많이 생산된다. 갓 표면이
약간 회색빛이 도는 것으로 갓 뒷면의 빗살 무늬가 선명하게 살아 있고 흰빛을 띠는
것이 신선하다.

주요 영양소

느타리는 반찬과 요리 재료로 많이 쓰이는 버섯으로, 90% 이상이 수분이고, 단백
질·지방·무기질 등이 나머지 10%를 구성한다. 일반적으로 대부분의 버섯에는 섬유
소와 약간의 단백질만 있을 뿐 칼로리가 거의 없어 많이 먹어도 살이 찌지 않는다.
느타리에는 비타민 D_2의 모체인 에르고스테롤이 많이 들어 있어서 고혈압과 동맥경
화를 예방하고 개선하는 효과가 뛰어나다.

보관하기

버섯류는 쉽게 상하므로 구입 뒤 바로 사용하는 것이 좋다. 보관할 때는 물기를 없애
고 랩으로 사서 냉장 보관한다.

Tip 재료 제대로 알기

음식에 풍미를 더해 주고, 육류의 지방을 몸속에서 분해하고 누린내를 없애 주어 궁합이 맞다.

느타리에 들어 있는 니아신은 피부염을 예방하는 효과가 있다. 일본의 한 임상 실험에서 암 환자에게 느타리
엑기스를 투여한 결과, 유방암에 가장 효과가 있었으며, 폐암, 간암순으로 효능이 나타났다고 한다.

느타리덮밥

재료

말린 느타리 30g, 밥 2공기, 달걀 2개, 양파 1/4개, 청·홍 파프리카 1/4개씩, 가다랭이 육수 1/2컵, 소금·후춧가루 조금씩, 실파 1뿌리, 식용유 약간

만드는 법

1 느타리는 찬물에 담가 불려 5~6cm로 자르고 굵은 것은 반으로 찢어 둔다.
2 양파·파프리카는 4cm 길이로 가늘게 채 썬다.
3 기름을 두른 팬에 버섯·양파·파프리카를 넣고 볶다가 익으면 가다랭이 육수를 부어 끓인다.
4 육수가 끓기 시작하면 달걀 푼 것을 천천히 넣어 주면서 젓가락으로 저어 익힌다.
5 소금·후춧가루로 간을 맞추고, 송송 썬 실파를 넣은 뒤 밥 위에 끼얹는다.

Tip 부드럽고 고소한 맛있는 별미밥으로 느타리를 다져서 요리하면 이유식으로도 좋다.

느타리전

재료

말린 느타리 30g, 게맛살 2개, 청피망 1/2개, 빨강 파프리카 1/3개, 밀가루 1/3 컵, 달걀 1개, 물 1/3컵, 카레가루 1큰술, 소금 약간

만드는 법

1 말린 느타리를 미지근한 물에 불려서 끓는 물에 살짝 데쳐서 찬물에 헹구어 체에 밭쳐 물기 를 뺀다.
2 ①의 느타리와 게맛살을 가닥가닥 찢는다.
3 피망은 곱게 채 썬다.
4 모든 재료를 섞어 반죽한다.
5 팬에 기름을 넉넉히 두르고 달군 뒤 ④의 반죽을 한 숟가락씩 떠 넣고 지져낸다.

Tip 반죽에 카레가루를 더해 맛과 영양을 높인 전이다. 게맛살 대신 햄이나 참치를 넣어도 좋다.

목이

제철 시기 & 고르기

모양이 사람의 귀와 비슷하다 하여 붙여진 이름이다. 윗면은 자갈색을 띠고, 밑면은 밋밋하나 광택이 나며 적갈색을 띤다.

주요 영양소

중국 요리에 주로 쓰이며 오돌오돌 씹히는 맛이 독특한 석이는 혈액 응고를 억제하고 노화를 방지하는 효과가 뛰어나다. 칼슘과 비타민 D, 철분이 풍부하여 빈혈과 새치에도 효과가 있다. 열량이 낮고 식이 섬유가 풍부하여 변비를 개선하고, 다이어트 효과가 있으며, 고혈압·동맥경화 등 심혈관 질환을 막아 주며 노화를 억제하고 골다공증을 개선해 준다. 뽕나무에서 자란 목이는 갱년기 장애 증상을 해소하는 데 효과가 좋고, 석류나무에서 자란 목이는 편도선염을 완화하는 데 효과가 좋다. 목이는 잡채 등의 볶음 요리에 많이 사용된다.

보관하기

대개 말린 것을 구입하여 미지근한 물에 불려 이용한다.

Tip 재료 제대로 알기

동의보감에서 "목이는 성질이 차고〔寒〕(평〔平〕하다고도 한다). 맛이 달며〔甘〕 독이 없다. 오장을 좋아지게 하고 장위에 독기가 몰린 것을 헤치며 혈열을 내리고 이질과 하혈하는 것을 멎게 하며 기를 보하고 몸이 가벼워지게 한다."라고 하였다.

목이는 칼슘이 풍부하여 성장기 어린이의 발육에
도움이 되고, 갱년기의 골다공증 예방에도 효과가
있다.

목이부각

재료

목이 600g(불린 것), 찹쌀가루 1컵, 물 2컵, 소금 약간, 튀김 기름 적당량

만드는 법

1 목이는 불려서 깨끗이 씻어 소쿠리에 담아 물기를 거둔다.
2 찹쌀가루 1컵에 물 2컵을 넣고 주걱으로 저으면서 약간 되직하게 풀을 쑤어 소금으로 간한 뒤 식힌다.
3 씻어 둔 목이에 ②를 발라 바싹 말려 둔다.
4 쓸 때마다 꺼내어 중온의 기름에 튀겨 낸다. 찹쌀 풀이 하얗게 일어나면 바로 꺼낸다.

Tip 바삭바삭한 맛이 시중에 판매하는 과자류보다 맛있고 건강에 좋은 간식거리이다. 목이는 특히 섬유소 함량이 높고 교질(膠質)이 많아 식도 및 위장을 씻어 내는 작용을 한다.

목이강정

재료

마른 목이 10장, 튀김가루 1/2컵, 식용유 적당량
*양념 : 간장·설탕 2큰술씩, 녹말·참기름 1큰술씩

만드는 법

1 목이는 물에 불려서 체에 받쳐 물기를 뺀 뒤 큰 것은 손으로 찢어서 튀김가루를
  골고루 묻힌다.
2 180℃로 예열한 기름에 ①을 넣고 튀긴다.
3 팬에 강정 양념 재료를 붓고 끓어오르면 ②를 넣어 바짝 조린다.

Tip 꼬들꼬들 달콤한 간식으로, 버섯을 싫어하는 어린이의 음식으로도 좋다. 목
    이버섯은 세계적으로 분포되어 있으며 각종 활엽수의 고사목이나 반고사목
    에서 생장한다. 중국요리에 많이 쓰이는데, 값이 싸면서도 씹히는 질감이 우
    수한 버섯이다.

양송이

제철 시기 & 고르기

대를 만져 보아 단단하고 통통하며 짧은 것을 고른다. 갓이 둥글고 두터우며 상처가 없고 광택이 나는 것으로 전체적으로 흰빛이 나는 것이 신선하다.

주요 영양소

생버섯 가운데 단백질 함량이 높고 각종 아미노산이 풍부하게 들어 있다. 몸이 나른 해지는 것을 방지하고 구내염·각막염·거친 피부·고혈압 등에 효과가 있다. 비타민 B_2의 함유량도 버섯 가운데 최고다. 양송이 5~6개면 비타민 B_2의 하루 필요량의 25%가 해결된다.

보관하기

날것은 신문지에 싸서 냉장고에 넣어 두면 4~5일 정도 보관이 가능하다.

Tip 양송이 제대로 알기

조리하지 않고 먹을 수 있는 유일한 버섯으로 서양에서는 대접받는 버섯이다.

양송이는 칼륨이 풍부하여
심장과 근육 기능을 조절하고,
혈압을 내리고 콜레스테롤을
억제하는 효과가 있다.

양송이강정

재료

견과류(슬라이스 아몬드·볶은 땅콩·잣) 1/2컵, 양송이칩 1컵
*시럽 : 황설탕·물엿·물 5큰술씩, 소금 약간

만드는 법

1 기름을 두르지 않은 달군 팬에 견과류를 넣고 살짝 볶아서 굵게 다진다.
2 양송이칩도 기름을 두르지 않은 달군 팬에서 살짝 볶아 굵게 다진다.
3 냄비에 시럽 재료를 넣고 중간 불에서 거품이 날 때까지 끓인다.
4 ③에 볶은 견과류와 양송이칩을 넣고 약한 불 위에서 뒤적이다가 실이 생기면 불에서 내린다.
5 한 김 식으면 1회용 장갑을 끼고 동그랗거나 갸름한 덩어리로 뭉쳐 굳힌다.

Tip 양송이칩과 견과류를 따로 팬에서 볶아야 양송이칩이 부서지지 않는다. 견과류는 굵직굵직하게 다져 씹히는 질감을 살린다.

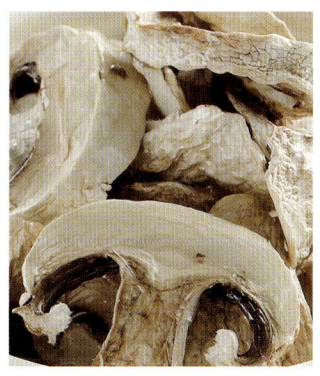

양송이칩

재료

양송이 10개, 올리브 오일 2큰술, 레몬 1/2개, 소금 약간

만드는 법

1 양송이는 지저분한 부분을 손질한 뒤 물에 한 번 헹구어 즉시 물기를 닦는다.

2 갓 아래쪽에서부터 위쪽을 향해 얇은 껍질을 벗긴 뒤 0.3㎝ 두께로 모양을 살려 썬다.

3 색깔이 변하지 않게 레몬즙을 뿌린다.

4 ④에 올리브 오일을 바른 뒤 채반에 펼쳐 놓고 소금을 약간 뿌린다.

5 바람이 잘 통하는 그늘에서 바삭하게 말려 밀폐 용기에 담아 두고 먹는다.

6 특별한 조리과정 없이 간식이나 술안주로 먹는다.

Tip 양송이는 서양에서 대접 받는 버섯이다. 수프로 만들어 먹으며 어떤 요리와도 잘 어울리고 식이 섬유가 풍부해서 생활습관병 예방에 효과적이다. 특히 비타민 B와 D가 풍부하므로 골격 형성기의 아이들에게 더없이 좋은 식재료이다.

표
고

제철 시기 & 고르기

3~4월, 9~11월. 갓이 두꺼우면서 살짝 오므려져 있고, 갈색으로 매끄럽고 뒷면의
살이 흰색을 띤 것이 좋다. 말린 표고는 갓 표면이 거북 등딱지처럼 균열이 많으며
두껍고 짙은 황갈색을 띠는 것이 좋은 것이다.

주요 영양소

참나무나 밤나무 등 활엽수에서 자라는 버섯으로, 햇볕에 말린 것은 비타민 D의 생
성을 촉진하는 에르고스테린이 풍부하여 뼈를 튼튼하게 한다. 그 밖에 혈액의 대사
를 돕는 엘리타테닌 등의 성분이 있어 콜레스테롤 수치를 떨어뜨리는 효과가 있어
장수식품으로 인정받는다. 핵산을 많이 함유하고 있어서 어떤 음식에 넣어도 맛을
풍부하게 해 주는 천연 조미료 역할을 한다.

보관하기

말려서 보관하면 1년 내내 먹을 수 있다. 말린 것은 바람이 잘 통하고 건조한 곳이나
냉장고에 보관한다.

Tip 표고 제대로 알기

표고의 비타민 D는 햇볕에 말려야만 생긴다. 혈액순환을 원활하게 하고 불면증에 효과가 있는 '추룡주'
라는 술이 있다. 표고 한 개를 깨끗이 닦아 따끈하게 데운 청주 한 잔을 부어 우려내서 먹는 술로 즉석
에서 만들어 마실 수 있는 약주이다.

표고는 생것보다 말린 것이 맛과 향이 뛰어나고 영양가도 높다. 버섯이 생것일 때 수분 함량이 80~90%에 이르는데 말리면 생버섯에 비해 비타민 D가 풍부해지고, 영양소 함량이 8~9배 정도 높아진다. 버섯은 말리면 에르고스테롤이 비타민 D로 더 많이 전환되어 칼슘의 흡수율을 높여 주고, 생리 활성 물질이 다양하다.

표고연근조림

재료

마른 표고 6개, 통연근 작은 것 1/2
개, 부추 5줄기, 녹말 2큰술
*양념 : 간장·물엿 2큰술씩, 설탕 1
큰술, 물 1/2

만드는 법

1 마른 표고는 찬물에 한 번 헹구어 미지근한 물에 불려 면보로 싸서 물기를 거둔다.
2 껍질 벗겨 손질한 연근을 믹서에 갈고 부추는 잘게 다져 놓는다.
3 볼에 ②의 연근과 부추를 담고 녹말을 넣어 반죽한다.
4 표고 안쪽에 녹말을 바른 다음 ④의 반죽을 꼭꼭 눌러 바른다.
5 팬에 조림 양념과 ⑤를 넣고 양념을 끼얹어 가면서 바짝 조린다.

Tip 버섯은 '숲의 고기'다. 종류에 따라 차이가 있지만, 평균적으로 버섯은 단백질 함유량이 2%로
높은 편이다. 마른 표고는 미지근한 물에 불려서 쓴다. 설탕을 조금 넣으면 빨리 부드러워진다.

표고강정

재료

마른 표고 10개, 찹쌀가루 6큰술, 소금
1/3작은술, 식용유 적당량
*소스 : 고추장·통깨 1큰술씩, 설탕·
토마토 케첩 2큰술씩, 물 5큰술

만드는 법

1 표고는 물에 불려 기둥을 자르고 열십자로 4등분하여 찹쌀가루를 고루 뿌려 옷을 입힌다.

2 끓는 기름에 ①의 버섯을 넣어 가루가 익을 정도로 살짝 튀겨 기름기를 뺀다.

3 오목한 팬에 소스 재료를 한데 넣고 바글바글 끓여 ②의 버섯을 넣어 버무린다. 이때 통깨도
넣는다.

Tip 도시락 반찬으로 좋으며, 누구나 즐겨 먹을 수 있는 요리이다. 소스 대신 설탕으로 만든 시
럽을 넣으면 누구나 좋아하는 간식이 된다.

산
나
물

개망초

제철 시기 & 고르기

이른 봄~여름. 이른 봄에는 땅에 붙어 겨울을 난 방석 모양으로 퍼진 잎을 채취하고, 여름에는 생장점 부근의 연한 순을 꺾어 묵나물로 만든다. 이른 봄에 채취하는 것은 데쳐서 바로 나물을 해도 맛이 부드럽고 향긋하다.

주요 영양소

두해살이풀인 개망초는 봄에 올라오는 새순이 부드럽고 향이 은은하면서도 향긋하여 봄나물로 손색이 없다. 너무 흔해서 잡초 취급을 받고 있지만, 부드러운 맛과 향기는 웬만한 나물보다 훌륭하다. 뿌리를 포함한 전초를 말린 것을 한방에서 '일년봉(一年蓬)'이라고 하여 열을 내리고 해독하는 데 쓰며, 소화를 돕는 효과도 좋은 것으로 알려져 있다. 가을에 씨앗이 발아하여 싹이 튼 것이 겨울에도 살아남아 이른 봄에 다른 나물보다 빨리 모습을 보이므로 봄철 입맛이 없을 때 채취하여 나물로 먹고 데쳐서 말려 묵나물로 보관하면 식탁이 풍요로워진다.

보관하기

데쳐서 잘 말린 것을 비닐봉지에 넣어 냉동실에 보관하면 오래간다.

Tip **개망초 제대로 알기**

개망초와 망초는 잎의 구분이 쉽지 않지만 굳이 구분하자면 개망초는 잎이 둥글고, 망초는 좁은 편이다. 개망초 꽃이 더 크고 분홍색이 도는데, 나물로 먹을 때는 굳이 둘을 구별하지 않고 쓴다.

한방에서는 개망초를 열을 내리고 독을 없애는 약재로 이용한다. 감기·학질 등의 질환에 사용하기도 한다.

개망초전

재료

말린 개망초 30g, 게맛살 200g, 부침가루 1/2컵, 찹쌀가루 2큰술, 물 3/4컵, 검은깨 1큰술

만드는 법

1 개망초를 따뜻한 물에 충분히 불린 뒤 끓는 물에 5분 정도 삶아 불을 끄고 뚜껑을 덮어 3~4시간 두었다가 찬물에 헹구어 물기를 꼭 짠다.

2 게맛살을 4cm 길이로 잘라 잘게 찢는다.

3 준비된 재료를 모두 섞어 반죽한다.

4 달군 프라이팬에 기름을 넉넉히 두르고 노릇하게 지진다.

Tip 반죽이 되면 꾸덕꾸덕해서 맛이 없고, 지나치게 묽으면 모양이 흐트러진다. 다소 진 듯하면서 걸쭉한 상태가 전을 부쳤을 때 차지고 맛있다.

개망초나물

재료

불린 개망초 200g, 식용유 1큰술, 육수(물) 2큰술
*양념 : 다진 파·들기름(참기름) 1큰술씩, 국간장 1/2큰술, 다진 마늘 2작은술

만드는 법

1 말린 개망초는 찬물에 반나절 불렸다가 헹구어 끓는 물에 5분 정도 삶아 찬물에 헹구어 물을 갈아 가며 1~2시간 불린다.
2 ①의 개망초는 물기를 꼭 짜서 볼에 담고 분량의 양념으로 조물조물 무친다.
3 팬에 식용유를 두르고 ②의 망초를 넣고 볶는다.
4 육수(물)를 부어서 국물이 없어질 때까지 볶는다.

Tip 일반적으로 말린 나물은 찬물에 충분히 불려서 데쳐 쓴맛을 우려내지만 망초는 쓴맛이 없으므로 바로 헹구어도 된다.

고비

제철 시기 & 고르기

4~5월. 어린 순을 먹거나 잎이 약간 열린 정도가 좋다. 고사리보다 귀해 값이 비싸므로 흔하게 이용하지는 않는다.

주요 영양소

고비는 고사리와 함께 대표적인 봄철 산나물로, 어린 순을 채취하여 삶아서 말려 두었다가 나물로 먹는다. 양질의 단백질, 식이 섬유, 비타민 $A \cdot B_2 \cdot C$, 펜토산·카로틴·니코틴산 등의 영양 성분과 수십 종류의 특수 성분이 들어 있다. 예전부터 건위·정장·강장 및 해열 효과가 알려져 왔다. 민간에서는 고비 줄기를 풍한·마비증·허리 동통에 약재로 사용하기도 한다.

보관하기

말린 고비는 밀봉하여 습기가 없는 서늘한 곳에 보관한다. 생고비는 살짝 데쳐서 물기를 꼭 짠 뒤 지퍼백에 담아 냉동 보관한다.

Tip 고비 제대로 알기

고비도 고사리와 마찬가지로 비타민 B_1의 흡수를 방해하는 아네우리나아제 효소가 있어서 묵나물로 만들어 먹는 것이 안전하다.

고비는 한 포기에서 여러 갈래의 순이 나오므로 자손이 번성한다는 의미를 가지고 있어서 제사에 진설할 때 고사리 대신 고비만 고집하는 가문도 있다.

고비대파국

재료

불린 고비 150g, 대파 2뿌리
*볶음 양념 : 참기름 1큰술, 다진 마늘 1/2작은술, 고춧가루 1/2큰술
*국물 : 물 4컵, 국간장 1큰술, 소금·후춧가루 조금

만드는 법

1 고비를 따뜻한 물에 담가 뚜껑을 덮어 3~4시간 불린 뒤 끓는 물에 무르도록 삶아 헹구어 찬물에 30분 정도 담가 아린 맛을 없앤다.

2 대파는 3~4㎝ 길이로 잘라 굵직하게 채 썬다.

3 달군 냄비에 참기름을 두르고 고비와 대파, 다진 마늘, 고춧가루를 넣어 달달 볶다가 물을 붓고 한소끔 끓인다.

4 고비국을 불에서 내리기 전에 국간장과 소금, 후춧가루를 넣어 간을 맞춘다.

Tip 고비나 고사리는 봄에 잎이 아직 피지 않은 것을 삶아서 다양한 요리의 재료로 쓴다. 말린 나물을 질기므로 충분히 불려서 찬물에 담가 아린맛을 없애고 사용한다.

고비나물

재료

말린 고비 30g, 식용유 1큰술, 육수(물) 2큰술
*양념 : 다진 파·참기름 각 1큰술, 국간장 1/2큰술, 다진 마늘 2작은술

만드는 법

1 말린 고비는 찬물에 하룻밤 불렸다가 헹궈 끓는 물에 30분가량 삶아 헹군다.
  다시 찬물에 2~3시간 정도 담갔다가 건져 물기를 꼭 짠 뒤 먹기 좋은 크기로
  썬다.
2 볼에 고비와 분량의 양념을 넣고 조물조물 무쳐 10분 정도 둔다.
3 팬에 식용유를 두르고 양념한 고비를 넣고 볶는다.
4 육수나 물을 붓고 불을 줄여 국물이 없어질 때까지 볶은 뒤 뚜껑을 덮어 뜸을
  들인다.

Tip 4~5월경 생고비나 고사리를 사다가 끓는 물에 데쳐서 햇볕에 바싹 말려 두
    면 정월 보름까지 다양한 요리에 사용할 수 있다.

고
사
리

제철 시기 & 고르기

4~5월. 줄기가 길고 매끈하며 연한 갈색을 띠고 줄기의 골이 깊은 것을 고른다. 말린 것은 색깔이 검지 않고 갈색빛이 도는 것이 맛있다.

주요 영양소

말린 고사리는 비타민 D가 풍부한 것이 특징이다. 예로부터 고사리는 해열 및 지혈 효과가 있어 감기나 코피를 자주 흘리는 사람의 약으로 사용했다.

보관하기

바로 먹을 것은 신문지에 싸서, 데친 것은 물에 담근 채 냉장 보관한다. 햇볕에 말려 두고 사용하는 것이 일반적인 보관법이다.

Tip 고사리 제대로 알기

고사리는 떫고 쓴맛이 있어 날것으로 먹지 못한다. 끓는 물에 데쳐서 뜨거운 상태로 그대로 채반에 널어 말린다. 반쯤 말랐을 때 손으로 비벼서 말리면 훨씬 부드러워진다.

고사리는 성질이 차서 소변을 잘 나가게 하며 정신을 맑게 하는 효능이 있다. 공부하는 수험생이나 수도하는 사람이 고사리를 먹으면 잠을 푹 자서 맑은 정신으로 공부에 전념할 수 있다.

고사리육개장

재료

불린 고사리 100g, 불린 토란대 100g, 양지머리 200g, 국간장 약간, 대파 2뿌리, 고추기름 1큰술, 마늘 3쪽, 소금 약간

＊나물 양념 : 국간장 1큰술, 다진 마늘 2작은술, 참기름 1/2큰술

＊고기 양념 : 고춧가루 1.5큰술, 국간장·청주 각 1작은술, 다진 마늘·참기름 각 1큰술

만드는 법

1 손질한 고사리를 삶아서 찬물에 2~3시간 담갔다가 헹군어 물기를 꼭 짠 뒤 먹기 좋게 썬다.

2 토란대를 10분가량 삶아 헹군 뒤 다시 찬물에 1시간 정도 담갔다가 물기를 짜 둔다.

3 손질한 고사리와 토란대에 나물양념을 넣고 조물조물 무쳐 둔다.

4 양지머리는 찬물에 2~3시간 담가 핏물을 충분히 뺀다.

5 물 2ℓ에 통후추 1작은술과 마늘 3쪽, 양지머리를 넣고 고기가 완전히 익을 때까지 뚜껑을 덮고 중간 불에서 끓인다.

6 고기가 익으면 건져서 가늘게 찢어 고기 양념에 버무린다. 국물은 체에 밭쳐 육수로 준비한다.

7 대파는 줄기와 잎을 분리해서 10㎝ 길이로 채 썰어 끓는 물에 소금을 넣고 10초가량 데쳐서 찬물에 헹구어 물기를 빼 둔다.

8 불린 고사리와 토란대는 6㎝ 길이로 썰어 양념에 무쳐 둔다.

9 냄비에 육수를 담고 모든 재료를 넣어 푹 끓인다. 소금과 국간장으로 간을 맞추고 고추기름을 넣어 완성한다.

Tip 무시래기나 버섯, 숙주 종류를 섞어 끓여도 좋다. 대파는 데쳐서 사용해야 국물 맛이 깔끔하다.

고사리나물

재료

고사리 200g, 식용유 1큰술, 육수(물) 2큰술
＊양념 : 다진 파·들기름 각 1큰술, 국간장 1/2큰술, 다진 마늘 2작은술

만드는 법

1 고사리는 찬물에 하룻밤 불렸다가 헹구어 끓는 물에 30분 정도 삶아 충분히 우려낸 뒤 물기를 빼고 먹기 좋은 크기로 썬다.
2 ①의 고사리에 분량의 양념을 넣고 조물조물 무친다.
3 팬에 식용유를 두르고 ②의 고사리를 볶는다.
4 육수나 물을 붓고 불을 줄여 국물이 없어질 때까지 볶은 뒤 뚜껑을 덮어 뜸을 들인다.

Tip 말린 나물은 충분히 불려서 삶아 사용한다. 물을 자주 갈아 주어야 묵은 냄새가 사라져 나물의 맛과 향이 깔끔하다.

더덕

제철 시기 & 고르기

4~5월. 잔뿌리가 적고 몸체가 매끈하게 쭉 뻗은 것이 실하고 맛도 좋다. 흰색을 띠고 향이 진하고 심이 없는 것을 골라야 한다. 좋은 더덕은 껍질을 벗겼을 때 보풀보풀한 섬유결이 보이고, 잘랐을 때 하얀 즙액이 많이 나오는 것이 신선하다.

주요 영양소

더덕을 한의학에서는 '사삼(沙蔘)', '백삼'이라고 한다. 더덕에는 사포닌과 알칼로이드 성분이 풍부하게 들어 있다. 잘랐을 때 나오는 하얀 진액은 사포닌으로, 쓴맛이 날 뿐만 아니라 폐의 기운을 돋운다. 위와 장을 튼튼하게 하고 독성 물질을 없애 주며, 기침과 가래를 줄이는 데 도움이 되는 강장 식품이다.

보관하기

어둡고 서늘한 땅속에 묻어 두면 오래 보관할 수 있다. 껍질을 벗기지 않은 채로 신문지에 싸서 비닐봉지에 담아 냉장고 채소실에 넣어 두면 2주일가량 보관할 수 있다.

Tip 더덕 제대로 알기

더덕은 성질이 약간 차서 몸이 냉한 사람이 너무 많이 먹으면 소화 장애를 일으킬 수 있다. 더덕에 고추장을 바르면 쓴맛이 없어지고 찬 성질을 중화해 준다. 더덕의 사포닌은 알코올에 잘 추출되므로 더덕주를 담가 약용주로 복용하기도 한다.

자연 건조 : 껍질을 벗긴 더덕을 소금물에 담가 쓴맛을 뺀 뒤 방망이로 두들겨 편 뒤 말린다. 바로 말리지 않으면 누렇게 변하므로 주의한다.

인공 건조 : 껍질을 벗긴 더덕을 소금물에 담가 쓴맛을 뺀 뒤 방망이로 두들겨 편 뒤 말린다.

더덕장아찌 : 더덕을 꾸덕하게 말려 삼베 주머니에 넣어 고추장이나 된장에 3개월 정도 박아 놓으면 훌륭한 장아찌가 된다.

더덕섭산삼

재료

말린 더덕 20g, 젖은 찹쌀가루 30g,
소금·설탕 약간씩

만드는 법

1 말린 더덕을 끓는 물에 넣어 30분가량 뚜껑을 덮어 놓는다.
2 ①의 더덕이 부드럽게 불면 건져서 마른 면보로 물기를 닦는다.
3 찹쌀가루는 소금을 섞어서 체에 내린다.
4 ③에 ②의 더덕을 넣고 앞뒤로 꼭꼭 눌러 찹쌀가루를 묻힌다.
5 170℃의 기름에 두 번 튀겨서 건져 키친타월 위에 놓고 기름을 뺀 뒤 뜨거울 때 설탕을 약간 뿌
　려 낸다. 꿀을 곁들여 찍어 먹는다.

Tip 더덕을 말릴 때 껍질을 벗기고 0.5㎝ 두께로 편을 썰어 소금물에 담가 쓴맛을 빼고 말린다. 더
　덕을 방망이로 직접 두드리면 부스러지므로 행주에 싸서 자근자근 두드려서 부드럽게 펴지게
　한다. ※튀긴 즉시 먹어야 바삭하면서 고소한 맛과 더덕의 아작아작 씹히는 맛을 즐길 수 있다.

더덕잣즙무침

재료

더덕 20g, 미나리 200g, 배 1/2개
＊양념 : 된장 4큰술, 잣가루·참기름 2
큰술씩, 꿀 1큰술

만드는 법

1 말린 더덕을 부드럽게 불려 물기를 거두어 굵직하게 찢는다.

2 미나리는 끓는 물에 소금을 넣고 데쳐 헹구어 물기를 꼭 짜 4~5㎝ 길이로 자른다.

3 대추는 씨를 뺀 뒤 곱게 채 썬다.

4 배는 한 입 크기로 채 썰어 접시 바닥에 가지런히 담는다.

5 분마기에 분량의 양념을 넣어 곱게 간다.

6 준비한 더덕, 미나리, 대추에 ⑤의 양념을 넣고 무친다.

7 ④의 접시에 완성된 무침을 올려 완성한다.

Tip 된장은 곱게 갈아 콩 건더기를 없애야 짠맛이 덜하고, 미나리는 살짝 데쳐 넣어야 주재료의
    향이 살아나 맛이 있다. 손님 초대 음식으로 좋은 음식이다.

도
라
지

제철 시기 & 고르기

7~10월. 색이 희고 뿌리가 통통하며 곧게 뻗어 있는 것을 고른다. 가지가 여러 갈래로 뻗어 나간 것이나 잔뿌리가 많은 것은 피한다. 껍질을 벗기지 않고 파는 통도라지가 맛과 향이 더 좋다.

주요 영양소

한방에서는 '길경(桔梗/吉更)'이라 하는데 '귀하고 길한 풀뿌리가 곧다'라는 의미다. 도라지의 쌉쌀한 맛을 내는 사포닌 성분이 거담제로 작용하여 감기를 낫게 하고 열을 내린다. 진통·천식·폐결핵 등에도 효능을 발휘하여, 항염증·혈관 확장 작용도 하므로 약인 동시에 음식으로 가치가 크다.

보관하기

껍질을 벗기지 않은 채로 신문지에 싸서 서늘하고 바람이 잘 통하는 곳이나 냉장고의 채소실에 보관한다. 껍질을 벗긴 것은 쌀뜨물이나 엷은 소금물에 담가 놓으면 아린 맛이 줄어들고 색이 변하는 것을 막을 수 있다.

Tip 도라지 제대로 알기

도라지는 약재로 효과를 보려면 흰 꽃보다 보라색 꽃을 피우는 쪽을 고른다. 사포닌의 쓰고 아린맛 때문에 껍질을 벗기고 먹지만 약재로 쓸 때는 껍질을 그대로 사용해야 더 많은 사포닌 성분을 섭취할 수 있다.

말린 도라지와 감초를 넣고 달이면 기침 감기에 효과가 크다. 기관지의 점액 분비 기능을 도와 목을 부드럽게
하고 목감기로 인한 기침, 가래를 삭이고 목의 통증을 완화시킨다.

도라지나물

재료

말린 도라지 50g, 소금 2큰술, 다진 파·다진 마늘 2작은술씩, 식용유 적당량, 통깨·검은깨 약간

만드는 법

1 말린 도라지는 따뜻한 물에 불려 부드러워지면 끓는 물에 살짝 데쳐 물기를 꼭 짠다.

2 프라이팬에 기름을 두르고 뜨거워지면 도라지를 넣고 볶다가 다진 파와 마늘을 넣고 한 번 더 볶는다.

3 도라지가 익으면 소금으로 간하고 통깨와 검은깨를 뿌려 맛을 낸다.

Tip 생도라지를 요리할 때는 찢어서 소금을 뿌려 바락바락 주물러 씻으면 아린 맛이 적당히 제거되고 부드러워진다.

도라지강정

재료

말린 도라지 50g, 튀김가루 1/2컵, 식용
유 적당량
＊강정 양념 : 고추장·물엿 1큰술씩, 설
탕 1/ 2큰술

만드는 법

1 말린 도라지를 미지근한 물에 불려서 체에 받쳐 물기를 뺀다.
2 ①의 도라지에 튀김가루를 골고루 묻힌다.
3 180℃로 예열한 기름에 ②을 넣고 바삭하게 튀겨 낸다.
4 팬에 강정 양념 재료를 넣고 끓어오르면 튀긴 도라지를 넣어 골고루 섞는다.

Tip 도시락 반찬이나 술안주로도 좋다. 도라지를 싫어하는 아이들도 맛있게 먹을 수 있는 요리
이다.

두릅

제철 시기 & 고르기

4~5월. 크기가 작으면서도 굵고 크기가 일정한 것을 고른다. 빛깔이 선명하고 잎이 피지 않은 연한 것이 싱싱하고 맛있다.

주요 영양소

두릅은 다른 산나물에 비해 단백질이 많은 편이다. 지방·당질·식이 섬유가 많고, 인·칼슘·철분 등의 무기질이 풍부하며, 비타민 B_1·B_2·C와 사포닌 등의 성분이 들어 있다. 혈당을 내리고 혈중 지질을 낮추어 주는 작용이 있으며, 혈액 순환을 촉진할 뿐만 아니라 당뇨병·위장병·신장병·신경쇠약증에도 효과를 나타낸다. 정신적으로 피로하거나 불안한 사람, 공부하는 사람이 먹으면 머리가 맑아지고 잠도 편하게 잘 수 있다.

보관하기

스프레이로 물을 뿌린 뒤 신문지에 싸서 냉장고 채소실에 보관한다. 시들시들해진 두릅은 데쳐서 비닐봉지에 넣어 냉장 보관했다가 싱싱해지면 바로 조리해 먹는다.

Tip 두릅 제대로 알기

어린 두릅은 최고의 봄나물이다. 두릅을 데칠 때는 끓는 물에 소금을 넣고, 밑동에 칼집을 깊게 넣으면 열이 골고루 전달되어 빨리 데쳐진다. 오래 데치면 질겨지므로 주의해야 한다.

두릅나무는 요긴하게 쓰인다. 어린순을 채취하여 나물로 먹고, 한방에서는
열매와 뿌리를 소화불량·해수(咳嗽)·당뇨병·위암 등에 약으로 쓴다.

말린나물 떡볶이

재료

말린 두릅·말린 가지·애호박 불린 것 20g씩, 가래떡 200g, 쇠고기 50g, 실파 2줄기, 생표고 1개, 양파 1/6개, 참기름 1큰술, 후춧가루 약간

*양념 : 간장·굴소스·설탕·맛술·물엿 1큰술씩, 생강즙 1작은술, 물 1/2컵

만드는 법

1 불린 나물들은 먹기 좋은 크기로 썰고, 표고와 양파는 채 썬다.

2 떡은 5㎝ 길이로 길게 1/4등분하고, 굳은 떡은 데쳐서 참기름을 넣고 버무린다.

3 팬에 기름을 두르고 나물을 볶다가 양파·쇠고기·표고순으로 넣는다.

4 분량의 양념 재료를 넣고 간이 배도록 끓인다.

5 불에서 내리기 직전에 실파·참기름·통깨·후추를 넣고 마무리한다.

Tip 말랑한 떡과 말린 나물의 꼬들꼬들한 맛이 잘 어울리는 건강 떡볶이. 호박오가리는 미지근한 물에 불렸다가 깨끗이 씻어 기름에 볶는다. 말린 가지를 불릴 때는 하루쯤 따뜻한 물에 종이를 덮고 담가 둔다. 보관할 때는 비닐봉지에 넣는다.

두릅볶음밥

재료

말린 두릅 불린 것 50g, 잔멸치 30g, 달걀 1개, 양파 1/4개, 밥 2공기, 간장 1큰술, 참기름 1큰술, 소금·후추 약간
*멸치 양념 : 맛술 1작은술, 설탕 1/4작은술, 참기름 1/2작은술

만드는 법

1 두릅은 따뜻한 물에 불려 찬물에 헹구어 물기를 거두고 1㎝ 길이로 짧게 썬다.
2 두릅에 간장과 참기름 1/2큰술을 넣고 조물조물 무쳐 밑간해 둔다.
3 잔멸치는 팬에 기름 없이 살짝 볶아 비린내를 없애고 양념에 버무려 둔다.
4 팬에 ②의 두릅을 넣고 볶는다.
5 팬에 참기름 1/2큰술을 두르고 멸치를 먼저 볶다가 양파를 넣고 다시 볶는다. 여기에 밥을 넣고 볶다가 팬의 한쪽에 달걀노른자만 스크램블하여 ④의 두릅을 넣고 섞은 뒤 소금과 후추로 간한다.

Tip 볶음밥에 두릅 대신 생참나물을 넣고 베이컨이나 참치에 마늘로 볶아도 맛과 향이 좋다.

쑥

제철 시기 & 고르기

새싹은 3월, 생장점의 연한 순은 6~10월. 많이 자란 것은 쓴맛이 강하고 뻣뻣하므로 하얀 솜털이 나 있는 연한 쑥을 고른다. 서리 내리기 전에 새로 돋아나는 가을 쑥도 연하다.

주요 영양소

쑥의 독특한 향기를 내는 정유 성분인 치네올과 쓴맛 성분인 아르테미신이 입맛을 돋우는 역할을 한다. 철·엽산·엽록소 등의 성분이 있어 면역 조절 효과가 있으며, 악창을 개선하고 위장을 튼튼하게 한다. 쑥잎을 달여 마시면 요통·생리통 등에 효과가 있어 여성에게 좋은 것으로 알려져 있다. 한방에서는 혈액 순환을 원활하게 하고 진통을 완화하는 데 쓴다. 마른 쑥 500g을 솥에 넣고 센 불에 볶아 천에 넣어 아랫배에 올려 30분씩 찜질을 해도 효과를 볼 수 있다.

보관하기

생쑥은 분무기로 물을 뿌려 준 뒤 랩으로 싸서 냉장 보관한다. 데쳐서 보관하면 며칠은 더 보관이 가능하다. 끓는 물에 살짝 데쳐서 물기를 짠 뒤 조금씩 나누어 비닐에 넣어 냉동 보관한다.

Tip 쑥 제대로 알기

연한 순의 생쑥즙은 고혈압이나 신경통에 효과가 있고, 말린 쑥으로 코를 막으면 코피가 멈춘다.

마른 쑥을 우려 낸 물에 목욕을 하면
땀띠·풀독·어깨결림·요통·신경통·류머티즘·
근육통·통풍 등이 개선된다.

쑥개떡

재료

말린 쑥 20g, 불린 쌀가루 2컵, 찹쌀가루 1/2큰술, 소금 1/2작은술, 참기름 적당량, 물 2큰술

*소금물 : 뜨거운 물 1/4컵, 소금 1/4작은술

만드는 법

1 말린 쑥에 뜨거운 물 1컵을 부어 3~4시간 뚜껑을 덮고 불린 뒤 끓는 물에 살짝 데쳐 찬물에 여러 번 헹구어 물기를 꼭 짜서 다진다.

2 불린 쌀가루에 찹쌀가루를 섞고 소금물과 ①의 다진 쑥을 넣고 익반죽한 뒤 여러 번 치댄다.

3 ②의 반죽을 6㎝ 크기로 동그랗게 빚어 떡살에 참기름을 묻히고 꾹 눌러 찍어 무늬를 낸다.

4 면보를 깐 찜통에 김이 충분히 오르면 ③의 떡이 겹치지 않게 얹고 쑥색이 선명하게 살도록 20분가량 찐다.

5 참기름과 물을 혼합해서 쪄 낸 쑥개떡에 고루 발라 준다.

Tip 쪄 낸 쑥개떡에 참기름을 바르면 떡이 들러붙지 않고, 참기름의 고소함과 윤기가 맛을 더해 준다.

쑥차

재료

말린 쑥·생강 20g씩, 물 500㎖

만드는 법

1 물 500㎖(2.5컵)에 말린 쑥과 생강을 넣고 끓인다. 끓어오르기 시작하면 불을 약하게 줄여 10 분 정도 더 끓인다.

2 찻물만 잔에 따라 꿀이나 설탕을 넣어 마신다.

Tip 이른 봄에 쑥을 채취해서 물에 씻어 물기를 뺀 뒤 잘게 썰어 그늘에서 3일 정도 말린다. 보 관할 때는 방습제를 넣은 밀폐 용기에 보관한다. 쑥은 성질이 따뜻하며 비타민 A와 C가 풍 부하다. 특히 어혈을 푸는 효과가 있어 하복부가 냉하거나 생리통이 있는 여성에게 좋다. 쑥생강차는 손발이 차거나 월경 주기가 불규칙할 때 마시면 좋다.

죽순

제철 시기 & 고르기

3~5월. 껍질이 녹색을 띠는 것으로 통통하고 껍질에 짧은 잔털이 많은 것이 싱싱하다. 지나치게 큰 것은 섬유질이 질길 수 있다.

주요 영양소

죽순은 당질과 단백질, 칼륨, 아연, 구리, 섬유질이 풍부하다. 죽순 특유의 독특한 맛은 글루타민산 때문이다. 죽순에 들어 있는 칼륨은 염분 배출을 도와주므로 혈압이 높은 사람에게 특히 좋다. 그러나 죽순에 함유된 수산 성분은 결석이 있는 사람이나 알레르기 체질인 사람에게는 좋지 않으므로 많이 먹지 않는 것이 좋다.

보관하기

죽순은 생장 중인 대나무의 연한 싹으로 되도록 빨리 요리해 먹는다. 쌀뜨물에 삶은 것은 잘라 엷은 설탕물에 담가 놓으면 변색을 막을 수 있다. 냉장고에 보관할 때는 설탕물에 담근 채 하루에 한 번씩 물을 갈아 준다.

Tip 죽순 제대로 알기

죽순은 몸에 열이 많은 사람이 가슴이 답답할 때 먹으면 효과적이다. 머리를 맑게 하고 기를 강화하는 효과가 뛰어나 조선시대 왕자들의 두뇌 발달을 위한 보양식으로 죽순죽을 만들었다.

죽순은 햇볕에 의한 피부염에 효과가 있으며,

임상적으로는 만성 기관지염·불면증 개선

효과가 뛰어나다.

죽순나물

재료

말린 죽순 100g, 미나리 100g, 홍고추 1개

＊양념 : 식용유 1큰술. 다진 마늘·다진 파·소금 2큰술씩. 참기름 1큰술

만드는 법

1 죽순에 뜨거운 물 2컵을 붓고 뚜껑을 덮어 2~3시간 두어 부드러워지면 끓는 물에 살짝 데쳐서 헹군다.

2 홍고추는 채 썰고, 손질한 미나리는 줄기 부분만 5㎝ 길이로 자른다.

3 팬에 식용유를 두르고 다진 마늘과 파를 넣어 향을 낸 뒤 ①의 죽순을 넣고 재빨리 볶아 식힌다.

4 미나리는 식용유를 두른 팬에 살짝 숨죽을 정도로만 뒤적거려 식힌다.

5 볼에 모든 재료를 한데 섞고 참기름과 소금으로 간하여 마무리한다.

Tip 죽순은 3~5월쯤 땅 위로 약간 솟았을 때 캔 것이 가장 연하고 맛있다. 날것에는 '시아노겐'이라는 유독 물질이 있으므로 반드시 익혀 먹는다. 죽순은 말리거나 소금에 절여 저장한다.

죽순들깨나물

재료

불린 죽순 200g, 다시마(가로×세로 10cm), 실파 2뿌리, 물 1/3컵, 들깨가루 2큰술, 들기름·참기름·다진 파·다진 마늘 깨소금 1작은술씩, 소금 약간

만드는 법

1 말린 죽순은 따뜻한 물에 불려서 쌀뜨물에 살짝 데쳐 4cm 길이로 납작 썰고, 실파는 송송 썬다.

2 다시마에 물 1/3컵을 넣고 끓어오르면 불을 끄고 20분 정도 두었다가 국물을 따로 받아 두고, 죽순과 같은 크기로 썬다.

3 팬에 들기름을 두르고 죽순에 소금을 넣어 살짝 볶는다.

4 파·마늘·들깨가루에 다시마 우린 물 2큰술을 넣고 개어 ③에 넣고 볶는다.

5 ④를 그릇에 담고 다시마·실파·깨소금·참기름을 넣어 버무린다.

Tip 죽순은 한창 자라고 있는 생물이라 수확 뒤 가능한 빨리 조리하는 것이 좋다. 조리 전 쌀뜨물에 담그면 산화가 억제되고, 쌀겨 효소가 죽순을 부드럽게 해 주므로 맛이 더욱 좋아진다.

질경이

제철 시기 & 고르기

봄~가을. 꽃이 피지 않은 어린 순으로 짙은 녹색을 띠며 도톰한 것을 채취한다.

주요 영양소

질경이는 단백질·당질·섬유소·칼슘·인 등의 무기질과 비타민을 함유하고 있다. 특히 비타민 A는 식용 식물 중에서 가장 많이 들어 있다. 최근의 연구 결과 발암 물질 억제 활성이 비율이 60~90%로 나타났다.

한방에서는 질경이를 비뇨기계 염증을 치료하는 데 쓴다. 질경이 말린 것을 차전초라 하는데 이뇨 작용이 뛰어나 요소·염화나트륨·요산의 배출을 촉진한다. 설사를 멈추게 하는 효과도 있다. 차로 이용할 때는 말린 질경이 5~20g을 물 500㎖에 넣고 끓여서 마시면 된다.

보관하기

손질한 질경이를 살짝 데쳐 냉장 보관하면 며칠을 보관할 수 있다. 데쳐서 물기를 빼고 냉동 보관하면 6개월까지는 먹을 수 있다. 데쳐서 말려 묵나물로 이용하면 좋다.

Tip **질경이 제대로 알기**

봄에서 초여름에 걸쳐 꽃대가 자라기 전에 잎은 쌈으로 먹고, 잎을 채취하여 된장국에 넣거나 소금절임, 장아찌, 김치로 이용한다. 꽃대가 올라온 것을 뿌리째 채취하여 말려 한방 약재로 쓴다.

질경이 씨앗을 차전자라고 부르는데,

차전자를 차로 우려 마시면 과민성대장염이

확실히 개선된다.

ⓒ 이귀현

질경이장아찌

재료

질경이 500g, 소금
*달임장 : 간장·물 1컵씩, 식초·매
실액·물엿 1/2컵씩, 마늘 5쪽, 소주
1큰술, 대파 1뿌리, 마른 고추 2개,
다시마(사방 5㎝) 1장

만드는 법

1 손질한 질경이를 소금물에 1주일 정도 담가 식힌다.
2 ①의 질경이를 채반에 넣어 꾸덕꾸덕하게 말린다.
3 냄비에 달임장 재료를 넣고 끓여서 건더기를 건져 내고 식힌다.
4 보관 용기에 ②의 질경이를 넣고 달임장을 부은 뒤 돌로 눌러 둔다.
5 달임장을 따라 내어 끓여서 식혀 붓기를 3~4일, 일주일, 보름 간격으로 총 세 번 한다.
6 서늘한 곳에 1개월가량 두면 숙성이 되어 먹을 수 있다.

Tip 질경이 장아찌를 그냥 먹어도 되고, 온갖 양념을 하여 살짝 쪄서 먹어도 맛있다.

질경이감자전

재료

마른 질경이 20g, 감자 3개, 당근 30g,
부침가루 2큰술, 소금 1작은술, 식용유
적당량
＊양념장 : 간장 1큰술, 식초 1/2큰술,
다진 마늘·고춧가루 1/2 작은술씩, 깨
소금 약간

만드는 법

1 질경이는 미지근한 물에 충분히 불려 삶아서 부드럽게 준비하여 물기를 꼭 짜 그릇에 담는다.
2 감자는 껍질을 벗겨 씻어서 강판에 간다.
3 손질한 당근을 곱게 채 썬다.
4 ①의 질경이에 감자 간 것, 당근채, 밀가루, 소금을 섞어 반죽한다.
5 뜨겁게 달군 프라이팬에 식용유를 두르고 ④의 반죽을 동그랗게 떠 놓고 앞뒤로 노릇하게 지진다.
6 간장·식초·다진 마늘·고춧가루·깨소금을 섞어 양념장을 만들어서 곁들여 낸다.

Tip 감자부침은 쫄깃한 맛이 특징인데 부칠 때 뒤집개로 꾹꾹 눌러 주면 더 차지고 섞은 재료
끼리도 서로 잘 밀착되어 모양도 흐트러지지 않는다.

참취

제철 시기 & 고르기

3~6월. 잎이 깨끗하고 여린 것으로 선명한 녹색을 띠는 것을 고른다.

주요 영양소

단백질, 불포화지방산 등이 풍부하게 함유되어 있어 뇌를 활성화시키는 작용을 한다. 또 성질이 따뜻하여 혈액 순환을 도우며, 부종과 현기증을 개선하는 데 도움이 된다. 특히 칼륨 함량이 높은 알칼리성 식품으로 몸속의 염분을 배출시킨다.

보관하기

잘 다듬은 참취를 살짝 데쳐 냉장 보관하면 며칠을 보관할 수 있다. 데쳐서 말려 두었다가 묵나물로 이용하면 맛과 향기가 더욱 좋다.

Tip 참취 제대로 알기

산에서 직접 채취한 것을 먹어 보면 향미가 독특하여 '향소(香蔬)'라고 불린다. 어린잎은 겉절이나 쌈채, 샐러드로 먹거나, 데쳐서 나물이나 취절편, 묵나물로 먹는다.

마른 취나물의 경우 모양으로는 재배한 것과
자연산을 구분하기 힘들지만 독특한 향기가
더욱 강한 것이 자연산이다.

취나물부각

재료

취나물 600g, 찹쌀가루 1컵, 물 2컵,
소금 약간, 튀김 기름 적당량

만드는 법

1 취나물은 잎이 넓은 것을 골라 씻어 소쿠리에 담아 물기를 거둔다.

2 찹쌀가루 1컵에 물 2컵을 넣고 주걱으로 저으면서 풀을 약간 되직하게 쑤어 소금 간을 한 뒤 식힌다.

3 ①의 취나물에 ②의 찹쌀 풀을 발라 바싹 말려 둔다.

4 쓸 때마다 꺼내어 중간 온도의 기름에 튀겨 낸다. 찹쌀 풀이 하얗게 일어나면 바로 꺼낸다.

Tip 취나물부각은 산나물에 부족한 식물성 지방을 보충할 수 있어 영양 배합이 우수하다. 부각은 채소가 흔할 때 말려 두었다가 한겨울과 봄에 튀겨 먹는 비상 식량이다. 습도가 높은 여름에는 튀겨 놓아도 눅눅해서 맛이 나지 않는다. 찹쌀 풀이 많이 묻으면 잘 마르지 않아 오히려 눅진하고 바삭하지 않다.

취나물

재료

취 200g, 식용유 1큰술, 육수(물) 2큰술
＊양념 : 다진 파·들기름(참기름) 1큰술
씩, 국간장 1/2큰술, 다진 마늘 2작은술

만드는 법

1 말린 취를 찬물에 하룻밤 불려서 헹구어 끓는 물에 5분 정도 삶아 뚜껑을 덮고 3~4시간 그
  대로 둔다. 부드럽게 불린 취나물은 맑은 물이 나올 때까지 물을 갈아 가며 깨끗이 헹구어 물
  기를 꼭 짠 뒤 6㎝ 길이로 썬다.
2 ①의 취를 볼에 담고 분량의 양념으로 조물조물 무친다.
3 팬에 식용유를 두르고 ②의 양념한 취를 넣고 볶는다.
4 육수나 물을 부어서 국물이 없어질 때까지 볶는다.

Tip 취나물을 지나치게 볶으면 쓴물이 나오므로 기름 맛이 섞일 정도로만 볶는다.

해
초

다
시
마

제철 시기 & 고르기
6~9월. 흑갈색에 광택이 있으며 두껍고 탄력이 있고 바싹 말린 것을 고른다.

주요 영양소
40여 종의 미네랄과 비타민 A 등이 고루 풍부하게 함유되어 있어, 피를 맑게 하고 빈혈을 예방하는 효과가 뛰어나다. 식이 섬유인 알긴산은 혈중 콜레스테롤을 저하시켜 생활습관병을 예방하고, 배변을 촉진하여 장 속의 유해 물질을 빠르게 배출해 준다.

보관하기
마른 것과 염장한 것은 습기가 차지 않게 밀봉하여 그늘지고 서늘한 곳에 둔다.

 다시마 제대로 알기

다시마 표면의 흰 가루는 글루탐산인 만니톨로, 조미료 MSG의 주성분이다. 국물을 낼 때 가장자리에 칼집을 내서 쓰면 맛과 영양이 잘 우러난다.

알긴산은 몸속 염분 증가를 억제하여 뇌졸중을

예방하므로 소금으로 음식의 간을

맞추는 우리나라 식단에

특히 좋다.

다시마땅콩조림

재료

다시마(15cm 길이) 1장, 잔멸치 100g,
생땅콩 50g
＊조림장 : 간장 2큰술, 물 1컵, 설탕
1/2큰술, 청주 1큰술

만드는 법

1 다시마는 물에 불려서 길이 7cm, 너비 1cm 크기로 잘라 리본 모양으로 묶어 준다.
2 잔멸치는 기름 없는 팬에서 살짝 덖어 잡냄새를 가시게 한 뒤 체에 담고 털어 가루를 없앤다.
3 껍질 벗긴 땅콩을 끓는 물에 살짝 데쳐 비린내를 없앤다.
4 냄비에 간장·물·설탕을 넣고, 멸치·땅콩·다시마를 넣어 조린다. 조리는 도중에 청주를 넣어 비
   린맛을 없앤다.

Tip 땅콩을 껍질째 데쳤다면 데친 물을 따라 버리고 한 번 더 데친다.

다시마칩

재료

다시마 30g, 참깨 5g, 꿀 2큰술

만드는 법

1 다시마 표면을 젖은 행주로 깨끗이 닦은 뒤 4×5cm 크기로 자른다.
2 기름을 두르지 않은 팬을 달구어 ①의 다시마를 약한 불에서 바삭하게 굽는다.
3 ②의 다시마에 꿀을 묻힌 뒤 참깨를 묻힌다.

Tip 다시마에 꿀을 바른 뒤 말린 과일을 잘게 부수어 고르게 뿌려도 좋다. 다시마에는 알긴산
과 섬유질이 있어 피부 노화를 억제하고 변비 개선 효과가 있다. 또한 성장기 어린이의 골
격 형성에 도움을 준다.

미역

제철 시기 & 고르기

11~4월. 미역은 생것, 마른 것, 염장한 것으로 나누어 판매된다. 생미역은 녹색에 가까운 자주색으로, 광택이 있고 입이 넓으면서 촉감이 부드러운 것이 신선하다. 마른 미역은 흑갈색에 광택이 있으며 두껍고 탄력이 있고 바싹 말린 것을 고른다.

주요 영양소

미역은 요오드·인·칼슘 등의 미네랄이 다량 함유되어 있어 자궁 수축을 돕고 피를 맑게 하여 산후 음식으로 좋다. 미역을 불리면 미끈거리는 점액 성분의 알긴산이 혈압과 혈중 콜레스테롤치를 떨어뜨리고, 동맥경화·고혈압·비만 등의 생활습관병을 예방한다.

보관하기

생미역은 밀폐 용기에 넣어 냉장 보관이 원칙이다. 마른 것과 염장한 것은 습기가 차지 않게 밀봉하여 그늘지고 서늘한 곳에 둔다. 지나치게 오랫동안 보관하면 주변의 수분을 빨아들이기 때문에 질이 떨어질 수 있다.

Tip 미역 제대로 알기

미역은 콩과 궁합이 매우 잘 맞으므로 두부와 함께 요리하면 좋다. 콩의 사포닌은 미역의 요오드 성분이 과다 축적되는 것을 막아 갑상선기능저하증을 예방해 준다. 그러나 파와 함께 먹으면 파에 함유된 유황 성분이 미역에 들어 있는 칼슘의 흡수를 방해하고 미역 고유의 맛을 저해하므로 파는 쓰지 않는다.

미역은 다양한 영양 성분을 균형 있게 갖춘 알칼리성 식품으로 산후 회복에 큰 도움이 된다.

미역연두부스프

재료

마른 미역 10g, 다진 양파 3큰술, 연두부 1모, 우유 200㎖, 버터 2큰술, 소금 1큰술, 후춧가루 약간

만드는 법

1 미역은 물에 충분히 불려서 물기를 꼭 짜서 잘게 자른다.
2 냄비를 불에 올려 버터를 녹인 뒤 잘게 썬 미역과 양파를 볶는다.
3 미역과 양파의 색이 변하면 우유를 넣고 끓인다.
4 우유가 끓어오르면 연두부를 체에 내려 넣는다.
5 다시 끓어오르면 소금과 후춧가루로 간을 한다.

Tip 스프의 농도는 우유로 조절한다. 마른 미역은 찬물을 듬뿍 부어 10~15분쯤 두어 부드러워질 때까지 불려 바락바락 주무르면 거품이 나면서 미끈거리는 점액이 빠진다. 맑은 물이 나올 때까지 여러 번 주물러 씻어야 조리했을 때 비릿한 냄새가 나지 않는다.

미역튀각

재료

마른 미역 50g, 식용유 적당량, 설탕·
통깨 약간씩

만드는 법

1 마른 미역을 먹기 좋은 크기로 자른다. 가위로 잘라야 깨끗하다.

2 ①의 미역을 젖은 행주로 닦으면서 잡티를 손으로 떼어 낸다.

3 오목한 팬에 튀김용 기름을 붓고 가열하여 기름 온도가 130℃로 오르면 ③의 미역을 튀
긴다.

4 튀긴 미역의 기름이 빠지면 설탕을 뿌려 낸다.

Tip 마른 미역을 기름에 튀겨 설탕을 뿌린 간간한 요리. 아이들 반찬이나 가벼운 술안주로 인기
있다. 튀겨서 바로 먹는 것이 좋다.

청각

제철 시기 & 고르기
생것은 검녹색을 띠고 가지가 통통하며 윤이 나는 것이 좋다. 마른 것은 푸른빛이
풍부하고 깨끗하게 마른 것이 좋다.

주요 영양소
청각은 남도 지방에서 김치 재료로 애용되어 온 해조류로, 김치 맛을 개운하게 해
준다. 칼로리가 낮고 식이 섬유와 비타민·무기질이 풍부하여 생활습관병을 예방하
고 개선하는 효과가 크다. 조선 순조 때 정약전이 지은 《자산어보(玆山魚譜)》에는 '감
촉이 매끄럽고 빛깔은 검푸르며 맛이 담백하여 김치의 맛을 돋운다'라고 기록되어
있다. 우리나라 사람들은 다른 나라 사람들에 비해 유난히 해초류를 즐겨 먹는데,
미역·김·다시마 등 대표적인 해초 중에서도 청각의 맛과 향기가 가장 뛰어나다고 알
려져 있다. 청각의 수용성 추출물은 항생 작용이 강한 것으로 나타났다. 한방에서는
해열제 및 회충약으로 이용해 왔다.

보관하기
마른 것과 염장한 것은 습기가 차지 않게 밀봉하여 그늘지고 서늘한 곳에 둔다.

Tip 청각 제대로 알기

은은하고 독특한 청각의 향으로 젓갈의 비린내를 제거해서 김치에 풍미를 더하고, 탄산미를 내어 시원하
고 개운한 맛을 살린다.

청각은 사슴뿔 모양으로 생겨 녹각채(鹿角菜) 또는 청각채라 부르며, 영어권에서는 '바다의 사슴뿔'이라는

의미로 '시 스태그혼(Sea staghorn)', 일본에서는 바다에 사는 소나무라는 의미의 '미루(海松)'라고 부른다고 한다.

《동의보감》에 의하면, 성질이 차고 독이 거의 없으며 해열 효과가 있으며, 담이나 신장에 있는 결석을 제거하는

작용을 한다고 한다. 청각을 잘 말려서 건강차로 아침저녁 반 잔씩 마시면 여러 면에서 건강에 좋다.

청각멸치튀김

재료

잔멸치 1컵, 청각 50g, 말린 연근 20g

＊튀김 재료 : 튀김가루 적당량, 검은깨 1큰술, 식용유 적당량

만드는 법

1 잔멸치는 물에 재빨리 헹구어 체에 밭쳐 물기를 뺀다.

2 청각은 물에 20분 정도 담가 바락바락 주물러 소금기를 빼고 잘게 잘라 물기를 꼭 짠다.

3 말린 연근은 미지근한 물에 담가 불려 물기를 거둔다.

4 그릇에 잔멸치와 청각, 연근을 넣고 튀김가루와 물을 넣어 골고루 섞어 반죽한다.

5 팬에 기름을 넣고 달군 뒤 반죽한 재료를 한 젓가락씩 떠 넣고 노릇하게 튀긴다.

Tip 멸치와 청각이 어울려 고소한 바다의 맛을 낸다. 기대 이상으로 훌륭한 맛이 난다. 온 가족이 간식으로 즐기기에 좋다.

청각두부전

재료

청각 40g, 두부 1/2모, 밀가루 1컵, 물 5큰술, 소금 약간, 식용유 적당량
＊양념장 : 생와사비 1/3작은술, 간장 2큰술, 설탕 1작은술, 물·식초 1큰술씩

만드는 법

1 청각은 물에 불려 바락바락 주물러 씻어서 잘게 잘라 물기를 뺀다.
2 두부는 물기를 제거하지 않은 채로 주걱으로 으깬다.
3 ①의 청각과 ②의 두부, 물 5큰술을 골고루 섞은 뒤 소금으로 간하여 부침 반죽을 만든다.
4 팬에 기름을 두르고 달군 뒤 반죽을 떠 넣고 앞뒤가 노릇하게 전을 부친다.
5 분량의 재료들을 충분히 섞어서 양념장을 만들어 전과 함께 낸다.

Tip 인절미 같은 쫄깃한 식감과 청각의 향이 두부의 비린 맛을 제거해 준다. 김치 속재료로만 이용해 온 청각을 즐겨 먹으면 요오드 등 다량의 미네랄을 섭취하는 효과가 있다.

톳

제철 시기 & 고르기

1~3월. 광택이 있으면서 굵기가 일정한 것이 좋다.

주요 영양소

한국의 주문진 지역과 일본 지역에서 많이 생산되는 톳은 식이 섬유가 시금치의
3~4배, 우엉의 6.5배에 달할 정도로 높다. '바다에서 건진 칼슘제'로 불릴 만큼 칼
슘 함량이 높으며, 철분·칼륨·인·엽산 등의 무기질이 풍부하고, 베타카로틴과 비타
민 A·B6·C·E 등이 골고루 들어 있으며, 단백질 함량 또한 높다. 다른 해조류에 비해
많이 함유된 망간은 피로를 해소하고 기력을 회복하는 데 도움이 되고, 노인성 치매
를 예방하고 개선하는 효과가 있다. 주로 톳밥·톳무침·톳샐러드·톳냉국 등의 요리
를 해 먹는다.

보관하기

생톳은 끓는 물에 데쳐서 떫은맛과 색소를 빼고 적당한 길이로 잘라 햇볕에 말린다.
마른 톳은 습기가 차지 않게 밀봉하여 그늘지고 서늘한 곳에 둔다.

 **톳 제대로 알기**

생톳은 씻어서 찬물에 20~30분간 담가 잡티와 짠맛을 없앤 뒤 끓는 물에 살짝 데쳐서 조리한다.

톳의 효능

- 빈혈 예방에 도움이 된다.

- 고혈압과 동맥경화를 예방하고 개선한다.

- 변비 개선, 다이어트에 도움이 된다.

- 노화 방지 효과가 있다.

톳두부무침

재료

톳 100g, 쪽파 2줄기, 두부 60g
*두부 양념 : 된장·들기름 1큰술
씩, 다진 양파 1/2큰술, 물엿·깨소
금 1작은술씩

만드는 법

1 톳은 씻어서 체에 밭쳐 물기를 뺀 뒤 끓는 물에 살짝 데쳐서 찬물에 헹군다.
2 ①의 톳을 3㎝ 길이로 썰어 물기를 거둔다.
3 두부는 곱게 으깨서 면보에 싸서 물기를 거두고 양념 재료를 넣고 섞는다.
4 쪽파는 어슷 썰어 준비한다.
5 톳과 양념한 두부를 먼저 버무린 뒤 쪽파를 섞어 마무리한다.

Tip 된장의 영양이 담겨 있는 고소하고 깊은 맛의 음식. 두부는 톳에 없는 고소한 맛을 더해 주
고, 톳은 두부에 부족한 식이 섬유소와 비타민을 보충해 주어 맛과 영양 면에서 우수한 조합
이 된다.

톳밥

재료

불린 톳 100g, 현미 100g, 백미 150g,
다시마 육수 250㎖, 간장·맛술 1큰술씩
＊양념장 : 진간장 2큰술, 국간장 1작은
술, 설탕 1/2작은술, 참기름 1/2큰술, 다
진 파 1큰술, 깨소금 1작은술

만드는 법

1 현미는 씻어서 물에 담가 2시간 정도 불려 건진다.

2 백미를 씻어서 현미와 함께 냄비에 담고, 다시마 육수와 간장, 맛술을 넣은 뒤 밥물을 맞추어
10분 정도 불린다.

3 톳을 씻어 건져 2~3cm 길이로 썰어서 밥물 위에 올린 뒤 뚜껑을 덮고 센 불에서 끓인다.

4 밥물이 끓어오르기 시작하면 약한 불로 줄여 15분 정도 뜸을 들인다.

5 분량의 양념 재료를 섞어 양념장을 만들어 톳밥과 함께 낸다.

Tip 냄비밥을 할 때는 반드시 뚜껑을 덮고, 밥물이 끓기 시작하면 바로 불을 약하게 줄여 뜸을
들인다. 양념장을 만들 때 식성에 따라 매운 고추를 다져 넣어도 좋다.

파
래

제철 시기 & 고르기

3~6월. 선명한 녹색을 띠고, 바다 향이 강하게 나는 것이 신선한 것이다. 물속 플랑크톤이 많은 곳에서 무성하게 자라는 해조류이다.

주요 영양소

파래는 열량이 낮고 식이 섬유소가 풍부하여 변비 개선 효과가 있고 다이어트에도 좋은 식품이다. 단백질·무기질·비타민이 골고루 들어 있는데, 특히 비타민 U는 양배추의 70배 이상이라고 한다. 풍부한 철분은 빈혈과 골다공증과 혈액의 산성화를 예방하는 데 좋다. 파래의 메틸메티오닌설포늄(Methylmethioninesulfonium)이 니코틴을 해독하는 작용도 뛰어나다.

보관하기

마른 파래는 습기가 차지 않게 밀봉하여 그늘지고 서늘한 곳에 둔다.

Tip 파래 제대로 알기

파래를 말려 가루를 내어 멸치나 참깨 등을 넣어 밥 위에 뿌려 먹어도 좋다.

파래를 오이와 함께 무쳐 먹으면

오이에 들어 있는 풍부한 비타민 C가

파래에 있는 철분이 몸에 흡수되는 것을

도와준다.

파래죽

재료

불린 쌀 1컵, 말린 파래 50g, 팽이버섯 1봉, 국간장 1작은술, 통깨 1큰술, 소금 1/2작은술, 물 7컵

만드는 법

1 불린 쌀에 물 7컵을 붓고 중간불로 끓인다.

2 파래는 물에 담가 불려 두세 번 주물러 씻에 체에 밭쳐 물기를 뺀 뒤 국간장으로 밑간한다.

3 팽이버섯은 밑동을 자르고 씻어서 잘게 다진다.

4 쌀이 퍼지기 시작하면 ②의 파래를 넣고 계속 끓인다.

5 죽이 푹푹 소리를 내며 끓으면 불을 끈 뒤 ③의 팽이버섯을 넣고 통깨를 뿌리고 소금으로 간을 맞추어 먹는다.

Tip 팽이버섯은 가열한 상태에서 넣으면 버섯이 질겨진다. 불을 끄고 남은 열로만 팽이버섯을 익히면 아삭한 팽이버섯의 맛을 즐길 수 있다.

파래샐러드

재료

말린 파래 70g, 무·비트 50g씩, 통깨
1작은술, 소금 약간

*드레싱 : 마요네즈 3큰술, 사과식초·
설탕 2큰술씩, 조청 1작은술, 머스터드
1/2작은술

만드는 법

1 파래는 찬물에 불려서 헹구어 체에 밭쳐 물기를 꼭 짠다.

2 무와 비트는 5cm 길이로 채 썰어 소금에 절여 숨이 죽으면 물기를 꼭 짠다.

3 분량의 재료를 골고루 섞어 드레싱을 만든다.

4 파래·무·비트를 그릇에 담고 드레싱을 넣어 버무린다.

5 통깨를 뿌려 마무리한다.

Tip 바다의 채소로 불리는 해조류는 특히 겨울철에 맛이 좋다. 파래에는 칼슘과 칼륨이 많이
들어 있어서 뼈와 치아를 튼튼하게 한다.